甜瓜抗白粉病种质资源创制研究

张慧君　著

U0380962

中国农业出版社
北　京

图书在版编目（CIP）数据

甜瓜抗白粉病种质资源创制研究／张慧君著.
北京：中国农业出版社，2024. 8. -- ISBN 978 - 7 - 109
- 32442 - 8

Ⅰ. S436.5

中国国家版本馆 CIP 数据核字第 2024FX7300 号

甜瓜抗白粉病种质资源创制研究

TIANGUA KANG BAIFENBING ZHONGZHI ZIYUAN CHUANGZHI YANJIU

中国农业出版社出版

地址：北京市朝阳区麦子店街 18 号楼
邮编：100125
责任编辑：冀　刚
版式设计：书雅文化　　责任校对：吴丽婷
印刷：北京印刷集团有限责任公司
版次：2024 年 8 月第 1 版
印次：2024 年 8 月北京第 1 次印刷
发行：新华书店北京发行所
开本：700mm×1000mm　1/16
印张：13
字数：233 千字
定价：78.00 元

版权所有·侵权必究

凡购买本社图书，如有印装质量问题，我社负责调换。

服务电话：010 - 59195115　010 - 59194918

前　　言

　　甜瓜白粉病是甜瓜生产中一种常见的病害，严重影响了甜瓜的产量和品质。因此，开展甜瓜抗白粉病种质资源的创制研究具有重要的理论意义和应用价值。

　　本书系统介绍了甜瓜抗白粉病种质资源的创制过程。包括三篇内容。第一篇（第一章至第五章）主要介绍了甜瓜白粉病病原生理小种鉴定，以及抗性种质资源收集、鉴定、筛选生理生化机制的研究。第二篇（第六章至第十章）为甜瓜性别相关基因遗传转化研究，介绍了甜瓜组织培养方法、遗传转化方法。在研究方法上，采用了多种现代生物技术手段，如基因工程、转录组等。第三篇（第十一章至第十五章），主要介绍了甜瓜抗白粉病全雌系的创制，并详细地阐述了将该技术应用于新品种选育等方面的研究。

　　本书内容既有理论性，又有实用性，适合从事甜瓜研究、育种、生产的科研人员、教师和学生阅读参考。希望本书能够为甜瓜抗白粉病种质资源的创制和应用提供有益的借鉴与指导。

　　在此，感谢所有参与本书编写和审稿的专家与同行们，他们为本书的出版付出了辛勤努力。感谢范玉朋、李虎、刘春、王继源对本书内容的校正，感谢学生朱秀秀、任恒祎对本书文字核对所作出的贡献。同时，也感谢广大读者对我们的支持和关注，希望本书能够对您有所启发和帮助。

　　本书获得淮北师范大学学术著作出版基金资助支持，特此感谢！

编　者

2023 年 12 月

目　　录

前言

第一篇　甜瓜白粉病病原生理小种鉴定及抗白粉病生理生化
　　　　特性的研究

第一章　文献综述 ··· 3

1.1　概述 ··· 3

1.2　国内外研究进展 ··· 3

1.3　植物抗病性研究 ··· 7

1.4　本试验的研究目的、意义和主要内容 ···························· 14

1.5　本试验的研究技术路线 ·· 15

第二章　甘肃省甜瓜白粉病病原种及生理小种的鉴定 ·············· 16

2.1　材料 ··· 16

2.2　方法 ··· 17

2.3　结果与分析 ··· 18

2.4　讨论 ··· 20

第三章　甜瓜抗白粉病生理生化特性的研究 ························· 22

3.1　材料与方法 ··· 22

3.2　结果与分析 ··· 25

3.3　讨论 ··· 31

第四章　结构抗性研究 ·· 32

4.1　材料与方法 ··· 32

4.2 结果与分析 ………………………………………………………… 33

4.3 讨论 …………………………………………………………………… 35

第五章　结论 …………………………………………………………… 36

参考文献 …………………………………………………………… 36

第二篇　甜瓜性别相关基因遗传转化研究

第六章　文献综述 ……………………………………………………… 45

6.1 甜瓜再生体系的研究进展 ………………………………………… 45

6.2 甜瓜离体再生的主要影响因素 …………………………………… 45

6.3 甜瓜离体再生过程中的生理生化变化 …………………………… 47

6.4 甜瓜遗传转化方法的研究进展 …………………………………… 48

6.5 植物性别的研究进展 ……………………………………………… 53

6.6 基因工程技术在甜瓜上的应用 …………………………………… 60

6.7 研究的目的意义 …………………………………………………… 61

6.8 研究的内容和技术路线 …………………………………………… 62

第七章　材料和方法 …………………………………………………… 63

7.1 甜瓜自交系再生体系的建立 ……………………………………… 63

7.2 甜瓜再生过程中生理生化及内源激素的动态变化 ……………… 64

7.3 甜瓜组培遗传转化体系的建立 …………………………………… 66

7.4 花粉管通道法的建立 ……………………………………………… 73

7.5 茎尖法转化体系的建立 …………………………………………… 75

7.6 甜瓜性别相关基因的克隆及功能验证 …………………………… 76

第八章　结果与分析 …………………………………………………… 82

8.1 甜瓜自交系再生体系的建立 ……………………………………… 82

8.2 甜瓜再生过程中生理生化动态及内源激素的变化 ……………… 85

8.3 甜瓜子叶节遗传转化体系的建立 ………………………………… 92

8.4 花粉管通道法转化体系的建立 …………………………………… 96

8.5　茎尖法转化体系的建立 …………………………………………… 101

8.6　甜瓜性别相关基因的克隆及遗传转化 …………………………… 106

第九章　讨论 …………………………………………………………… 115

9.1　甜瓜自交系再生体系的建立 ……………………………………… 115

9.2　甜瓜再生过程中生理生化及内源激素的动态变化 ……………… 115

9.3　甜瓜遗传转化体系方法的优化 …………………………………… 117

9.4　3种遗传转化方法的优缺点比较 ………………………………… 119

9.5　甜瓜性别相关基因的克隆及功能验证 …………………………… 120

第十章　结论 …………………………………………………………… 121

参考文献 ………………………………………………………………… 122

第三篇　甜瓜抗白粉病全雌系的创制及产业化应用

第十一章　文献综述 …………………………………………………… 139

11.1　植物性别的研究进展 ……………………………………………… 139

11.2　瓜类性别的研究进展 ……………………………………………… 141

11.3　甜瓜白粉病的研究进展 …………………………………………… 142

11.4　甜瓜抗白粉病新品种的研究进展 ………………………………… 144

11.5　转录组测序技术及其应用 ………………………………………… 144

11.6　本试验的研究目的及意义 ………………………………………… 147

11.7　技术路线 …………………………………………………………… 148

第十二章　甜瓜性别遗传规律分析 …………………………………… 149

12.1　材料与方法 ………………………………………………………… 149

12.2　结果与分析 ………………………………………………………… 149

12.3　讨论 ………………………………………………………………… 151

第十三章　甜瓜抗白粉病全雌系的创制 ……………………………… 154

13.1　材料与方法 ………………………………………………………… 154

13.2　结果与分析 ………………………………………………………… 156

13.3　讨论 ………………………………………………………………… 163

13.4　小结 ··· 164

第十四章　产业化应用 ··· 165

14.1　材料与方法 ·· 165
14.2　结果与分析 ·· 167
14.3　讨论 ··· 167
14.4　小结 ··· 169

第十五章　新品种品质分析 ··· 171

15.1　材料与方法 ·· 171
15.2　结果与分析 ·· 172
15.3　讨论 ··· 184
15.4　小结 ··· 185
参考文献 ··· 186

附录 ··· 195

附录1　缩略语 ·· 195
附录2　转化苗的获得 ·· 197
附录3　育种基地 ·· 200

第一篇 甜瓜白粉病病原生理小种鉴定及抗白粉病生理生化特性的研究

第一章　文献综述

1.1　概述

甜瓜（*Cucumis melo* L.）为葫芦科黄瓜属一年生蔓性草本植物，在世界各地均有栽培，2021年我国甜瓜栽培面积39万 hm^2，占全球栽培面积的35.93%，位居世界第一（FAO，2021）。甜瓜栽培周期短、效益高，是致富效果显著的经济作物，具有较大的市场潜力。但随着栽培面积的增加，各种病虫害对甜瓜的生产造成了不同程度的损失。其中，甜瓜白粉病是甜瓜生产中的一种重要病害，在我国温室、大棚及露地栽培均有发生，且病害一旦发生，常发展迅速，严重影响甜瓜的产量和品质。

1.2　国内外研究进展

1.2.1　甜瓜白粉病病原研究进展

截至目前的研究结果，有以下6种真菌可引起葫芦科作物白粉病：*Erysiphe cichoracearum* DC. *sensu latu*（＝ *E. orontii Cast. Emend. U. Braun*）、*E. communis*（Wallr.）Link；*Erysiphe polygoni* DC.、*S. fuliginea*（*Schlecht. ex Fr.*）*Poll*、*Leveillula taurica*（*Lev.*）Arnaud 和 *Oidium* sp.，其中报道最多的是*S. fuliginea*，其次是 *E. cichoracearum*，其他病原菌罕有报道[1]。我国瓜类白粉病病原菌主要属于 *E. cichoracearum* 和 *S. fuliginea*。屈振凛[2]经鉴定认为，吉林长春地区黄瓜白粉病病原菌为 *S. fuliginea*。徐志豪等[3]研究认为，*S. fuliginea* 是引起浙江杭州春季白粉病发生的主要病原菌。王娟等[4]初步确定北京地区瓜类蔬菜白粉病由 *S. fuliginea* 所致，引起新疆瓜类蔬菜白粉病的主要病原菌是 *S. fuliginea*。在西班牙引起甜瓜白粉病的病原菌只有*S. fuliginea*，在美国瓜类蔬菜作物上 *E. cichoracearum* 和 *S. fuliginea* 这两种

致病菌都有报道。在英国、荷兰、德国、法国等国家，除发现 *S. fuliginea* 的子囊壳外，*E. cichoracearum* 的子囊壳也被发现。在澳大利亚、南非、罗马尼亚、意大利、土耳其、日本等国家，瓜类白粉病以 *S. fuliginea* 为主，尚未见其他病原菌的报道。因此，*S. fuliginea* 是目前主要的致病菌。

甜瓜白粉病菌的小种分化较多，不同的研究者得出的结论也不相同。截至目前，已被命名的 *S. fuliginea* 生理小种有 11 个[5]，分别是小种 0，1，2US，2France，3，4，5[3,6]，N1，N2，N3 和 N4[5]（表 1-1-1）；*E. cichoracearum* 有 2 个生理小种：小种 0 和 1[3]。Francois Bertrand 提出了 *S. fuliginea* 新的生理小种——小种 6[7]。

表 1-1-1　甜瓜白粉病菌生理小种的鉴别寄主及其抗感反应

鉴别寄主	单囊壳白粉菌											二孢白粉菌	
	小种 0	小种 1	小种 2 US	小种 2 France	小种 3	小种 4	小种 5	N1	N2	N3	N4	小种 0	小种 1
Iran H	S	S	S	S	ND	ND	ND	—	—	—	—	S	S
Topmark	S	S	S	S	S	S	S	—	—	—	—	S	S
Vedrantais	R	S	S	S	S	S	S	—	—	—	—	R	R
PMR 45	R	R	S	S	S	S	S	R	S	S	S	R	S
PMR 5	R	R	R	R	S	R	R	R	R	R	R	R	R
WMR 29	R	R	H	R	ND	S	S	R	R	R	R	R	R
Edisto 47	R	R	R	R	R	R	R	S	R	S	R	R	R
PI 414723	ND	R	S	ND	R	R	S	S	S	S	R	ND	ND
MR - 1	ND	R	R	R	ND	R		—	—	—	—	R	R
PI 124111	ND	R	R	R	ND	ND		—	—	—	—	ND	ND
PI 124112	R	R	R	R	R	R	R	—	—	—	—	R	R
PMR 6	R	R	R	R	S	ND	ND	—	—	—	—	ND	ND
Nantais Oblong	R	S	ND	S	ND	S	S	—	—	—	—	R	R

注：R 表示抗病，S 表示感病，ND 表示目前无数据，—表示未知。

1.2.2　甜瓜白粉病抗性种质的发掘与选育

1.2.2.1　鉴别寄主的发掘与选育

印度蕴含着丰富的抗性种质资源，PI 414723 是从印度引进系 PI 371795 的自花授粉和近亲授粉而来[8]，具体过程是 PI 371795 经过抗蚜虫选择得到后代 90234，然后对 90234 继续进行抗蚜虫筛选培育而来[9]，PI 414723 具有对其他多种病害的抗性基因[9-10]。例如，抗甜瓜蚜虫基因 *Ag*、抗 WMV 基因

wmv、抗 ZYMV 基因 *Zym*、局部抗霜霉病病菌（*P. cubensis*）基因 *Pc - 3*[11]和抗 PRSV 基因 *Prs*[10]。MR - 1 是美国农业部蔬菜实验室 Thomas 于 1986 年发表的，是直接从抗病种质 PI 124111 通过连续接种筛选出的自交系[12]，同时抗霜霉病的 2 个小种中含有抗交链孢叶枯病菌（*Alternaria cucumerirza*）的显性抗病基因 *Ac*[11]，含有 1 个抗枯萎病（*Fusarium. oxysporum f. sp. melonis*）小种 1 和 2 的显性基因，而另 1 个基因抗其生理小种 3，PI 124111 是对多种病菌的多个生理小种都具有抗性的材料，含有 2 个共显性抗病基因 *Pc - 1* 和 *Pc - 2* 抵抗霜霉病病菌[11]，抗 *S. fuliginea* 的小种 1 和 2[13]。PI 124112 是很好的抗源材料，对白粉病病菌不同的生理小种具有普遍的抗性，能抵抗蚜虫的侵害，同时有 1 个 *Pc - 4* 基因抗霜霉病病菌[9-11]。

美国培育出的品种 PMR 45、PMR 6、PMR S、WMR 29 和 Edisto 47，其最初的抗源材料都来自印度[9]。1927 年，美国从印度引进了甜瓜种质 Calf. 525，与 Hales Best 杂交和回交，于 1936 年培育出全世界第一个抗白粉病的甜瓜品种——PMR 45[12]，具有较高的抗性。育种主要采用多亲本杂交的常规育种方法，PMR 6 对由 *S. fuliginea* 引起的甜瓜白粉病具有很高的抵抗力，其抗性来源于 PMR 5[3]，WMR 29 是由 PMR 70022、PI 180280 和 PMR 29 这 3 份种质资源通过一系列的育种手段选育出来的[12]。WMR 29 中含有抗 PRV 的抗病基因 *Prv*[11]，其抗性来自 PI 180280[10]。Edisto 47 是 PI 124112 的后代，对霜霉病有部分抗性[11]。

Nantais Oblong 是从法国地方品种中经鉴定选出的抗源[9]，Ve - drantais 也来自法国。The AR Hale's Best Jumbo 是把 PI 414723 抗蚜虫的基因转到感病品种 Hale's Best Jumb 中，在与 Topmark 选择育种的过程中得到的[14]。值得一提的是，虽然 Iran H 和 Topmark 是感病材料，但是对生理小种的鉴定意义重大，Iran H 仍被认为是 1 个极易感病的寄主品种[15]；Topmark 不含有任何抗白粉病的基因[10]，它们也是研究抗白粉病遗传规律中常用的感病亲本。

1.2.2.2　其他抗白粉病种质的鉴定与选育

除上述鉴别寄主中提到的甜瓜抗病材料，还有其他抗性寄主资源。例如，3 个西班牙甜瓜种质 Amarillo、Negro 和 MoscatelGrande，都含有抗 *S. fuliginea* 小种 1 的基因[3,16]，但对小种 2US 感病[3]。对小种 2US 表现为抗病的材料有 Perlita、PI 234607、MR - 1、PMR 5、PI 124111、PI 124112 和 PI 313970。其中，后 4 个品种还兼有抗细菌性果腐病的特性[3,17]。1965 年，美国得克萨斯州试验站育成了 Perlita[12]，但它的抗性遗传机制并不清楚，推测抗性基因可能来自 PMR 6[3]，因为它有抗尖镰孢枯萎病甜瓜专化型显性抗病基因 $Fom-3$[11]。Seminole 的抗性基因来自 Georgia 47 与 Sanford 9 的杂交后代，Sanford 9 是在美国佛罗里达州发现的一个不知名的抗病供体，Georgia 47 的抗性基因来自 PI 124112[3]。

1.2.3　甜瓜白粉病抗性遗传和抗病基因的研究

1.2.3.1　甜瓜抗白粉病遗传研究

PMR 45 仅含有单个的显性抗病基因，而其他抗病材料的抗性情况复杂，抗性由显性基因、隐性基因和修饰基因共同控制。PMR 45 有 1 个显性基因 $Pm-A$ 仅仅控制对 S. fuliginea 小种 1 的抗性。另有报道 PMR 45 也含有显性基因 $Pm-1$ 抗 S. fuliginea 小种 1[11,18]。但 James 推测 $Pm-A$ 与 $Pm-1$ 是独立遗传[18]，$Pm-A$ 和 $Pm-1$ 是否为同一基因仍无定论。PMR 5 有 1 个显性基因 $Pm-C$ 控制对 S. fuliginea 小种 1、2 和 E. cichoracearum 的抗性，另外有 2 个互补基因 $Pm-D$ 和 $Pm-E$ 分别控制对 S. fuliginea 小种 1 和 E. cichoraceoram 的抗性[14,19]。另有报道提及 $Pm-1$ 和 $Pm-2$ 使 PMR 5 免受 S. fuliginea 小种 1、2 的侵害[18]。PMR 6 对 S. fuliginear 小种 1 和 2 的抗性分别由 $Pm-1$、部分显性基因 $Pm-2$ 和 1 个修饰基因控制[13]。WMR 29 有 2 个显性基因 $Pm-A$ 和 $Pm-B$，它们分别控制对 S. fuliginea 小种 1 和 2 的抗性，并且这 2 个基因紧密连锁[8,9,14]，并有 2 个等位隐性基因控制对小种 2US 的抗性，并且互为上位[18]，而且它含有抗 S. fuliginea 小种 2 的显性基因 $Pm-w$[11]。

PI 124112 对 S. fuliginea 生理小种 1 和 2 的抗性分别由 2 个显性基因控制[9]。对 S. fuliginea 小种 2US 的抗性由 $Pm-4$ 和 $Pm-C2$ 控制。对 E. cichoracearum 的抗性由 $Pm-F$ 和 $Pm-G$ 控制[19]。PI 124111 对 S. fuliginea 小种 1 的抗性是由 1 个显性基因 $Pm-3$ 来控制，对小种 2US 的抗性由 1 个部分显性基因 $Pm-6$ 来控制，但这 2 个基因不连锁[3,19]，并且 $Pm-3$ 还是控制雌雄同株的基因[17]。因为 MR-1 是 PI 124111 的后代[12]，所以它同样携带抗 S. fuliginea 小种 1 的基因 $Pm-3$[14] 和抗 S. fuliginea 小种 2US 的基因 $Pm-6$。PI 414723 携带 2 个抗 S. fuliginea 小种 2France 的隐性基因[18]，且 2 对基因互为上位，而且含有抗 S. fuliginea 生理小种 1 的基因 $Pm-I$ 和抗 E. cichoroceaxum 的显性基因 $Pm-X$[11]。

Vedrantais 对 S. fuliginea 小种 0 和 E. cichoracearum 的 2 个小种具有抗性[11]。Perlita 和 PI 234607 同时含有 $Pm-1$ 与 $Pm-2$ 基因，抗 S. fuliginea 小种 1 和 2[3,18]。Seminole 由 $Pm-1$ 或 $Pm-5$ 基因控制 S. fuliginea 小种 1 的

抗性，由 $Pm-4$ 基因控制 $S.fuliginea$ 小种 2 的抗性[3]，同时可以免于 $S.fuligine$ 生理小种 3 的侵害。寄主品种 Nantais Oblong 有 1 个显性基因 $Pm-H$，仅抗 $E.cichoracearum$，不抗 $S.fuliginea$[11]，有其他基因抗 $S.fuliginea$ 小种 0[20]。

目前，没有 1 个抗病品种包含所有对 $S.fuliginea$ 不同生理小种具有抗性的基因[13]。以上涉及的抗病基因中 $Pm-1$ 与 $Pm-2$ 互作、$Pm-E$ 与 $Pm-2$ 互作、$Pm-b$ 与 $Pm-2$ 互作、$Pm-B$ 与 $Pm-2$ 独立遗传[10-11]。$Pm-C$ 和 $Pm-C2$ 是等位基因，$Pm-1$ 与 $Pm-3$ 不是等位基因[11]；$Pm-W$、$Pm-X$、$Pm-E$、$Pm-F$、$Pm-G$ 和 $Pm-H$ 与已知的 $Pm-1$、$Pm-2$、$Pm-3$、$Pm-4$、$Pm-5$ 和 $Pm-6$ 等位基因的连锁关系研究尚不完整。

1.2.3.2　迄今发现的抗白粉病基因

美国农业部加利福尼亚州试验站的 Jagger 于 1937 年发现第一个白粉病的抗病基因 $Pm-1$，载体的种质是 PMR 45。从 20 世纪 70 年代到 20 世纪末，共报道了 11 个抗病基因，分别是 $Pm-2$（1964，美国，PMR 5）、$Pm-3$（1968，美国，PI 124111）、$Pm-4$（1968，美国，PI 124112）、$Pm-5$（1968，美国，PI 124112）、$Pm-6$（1989，以色列，PI 124111）、$Pm-W$（1991，法国，WMR 29）、$Pm-X$（1991，法国）、$Pm-E$（1993，法国，PMR 5）、$Pm-F$（1993，法国，PI 124112）、$Pm-G$（1993，法国，PI 124112）和 $Pm-H$（1993，法国，Nantais Oblong)[12]。

1.3　植物抗病性研究

1.3.1　寄主与病原菌的识别

植物的抗病性与其他性状相比具有特殊性，它不仅取决于植物本身的基因型，还取决于病原物的基因型。因此，植物与病原物互作的遗传基础构成了植物抗病的遗传基础。目前广为接受的描述植物-病原互作关系的遗传模式，与不亲和因子相关的互作模式称为基因对基因假说，主要是 Flor[21] 通过研究亚麻和亚麻锈菌的小种特异抗性时提出的基因对基因模式。迄今已被证明至少适合于几十种不同的植物-病原互作系统。其基本内容如下：病原与其寄主植物的关系分为亲和与不亲和两种类型，亲和与不亲和病原分别含毒性基因（vir）和无毒基因（avr），亲和与不亲和寄主分别含感病基因（r）和抗病基因（R)[22]。当携带无毒基因的病原与携带抗病基因的寄主互作时，两者才表现不亲和，即寄主表现抗病；在其他情况下，两者表现亲和，即寄主感病。寄主与病原间的非亲和性互作关系取决于病原产生的无毒（或非亲和）因子的变异性和寄主对该因子的敏感性，无毒因子通过改变寄主的生理特性而起作用。一个被广为接受的可以反映寄主植物与病原物非亲和因子有关的抗病机制模式：病害植株抗病基因编码感触病原信号的受体分子（recepter），而病原无毒基因的直接或间接产物即是信号分子——激发子（elicitor），两者互作激活与抗病有关的信号传导级联网络。最终使植物表达一系列的防卫反应。近几年，抗病基因研究的突破性进展为该模式提供了更多的证据[23]。

1.3.2 防御性酶的抗性研究

植物受到病原菌侵染或被诱导处理后产生的一些诱导型抗病因素，包括很多保护性酶类，如苯丙氨酸解氨酶、过氧化物酶、多酚氧化酶和超氧化物歧化酶等。通过外源刺激唤醒植物本身的抗体潜能，对植物进行抗性诱导以抵御病害是植物病毒病防治的重要策略。在植物抗病研究领域中，许多生物因子和非生物因子可以诱导植物的抗病性[24-26]，在诱导抗病的过程中，过氧化物酶、多酚氧化酶、苯丙氨酸解氨酶均可发生显著变化。

1.3.2.1 过氧化物酶（peroxidase，POD）

POD是植物体内广泛存在的一种氧化还原酶类，直接参与植物许多生理生化过程，在抵御病虫害、高温干旱等不良环境和植物组织分化中起着重要作用，在消除细胞内自由基、延缓衰老等方面也非常重要。POD可以将许多酚类物质氧化为毒性更强的醌类物质，从而参与植物的创伤反应。在小麦条锈菌（*Puccinia striiformis*）相互关系的研究中发现，无论侵染引起亲和还是非亲和的反应，接种后的POD活性均高于未接种的对照，在亲和组合中，接种后第2 d的POD活性比对照少量增加；而在非亲和组合中，接种后第2 d的POD活性有显著增加，POD活性高峰也较早出现[27]。逆境因子中包括一些体外无杀菌作用的化学物质，也可以诱导植物体内的POD活性迅速升高[28]。POD是细胞内一种重要的防御酶，也是重要的内源活性氧清除剂，还参与了木质素的合成过程[29]。细胞壁的高度木质化对病原菌的侵染和扩展有一定的限制作用[30]。POD与乙烯的生物合成和吲哚乙酸的氧化作用有关，这两种激素都会让整个植物体代谢发生很大变化[31]。不同植物病害的系统中POD活性变化是不同的。丁九敏等[32]研究黄瓜霜霉病抗性与叶片中生理生化物质含量的关系，梁琼等[33]研究不同玉米品种抗感粗缩病病毒与防御酶活性变化的关系，周博如等[34]对不同抗性大豆品种感染细菌性疫病后POD、PPO变化的研究结果表明，POD活性与抗病性呈正相关。云兴福等[35]对黄瓜感染霜霉病、郭玉硕[36]对杉木抗炭疽病和徐毅[37]对辣椒不同抗病品种感染枯萎病菌后几种酶活性变化的研究也得到了同样结果。李妙[38]对棉花枯萎病、李颖章等[39]对黄萎病病菌毒素、田秀明等[40]对棉花枯萎病、李俊兰[41]对棉花感染黄萎病的研究表明，POD活性与其抗病性呈负相关性。但是，有学者的研究与上述的结论有所不同。辛建华等[42]对哈密瓜不同品系苗期抗病性及生理生化分析的研究结果表明，接种前，哈密瓜抗病品种、感病品种的POD活性相差不大；接种后，抗病品种的酶活性比感病品种的低。

1.3.2.2 多酚氧化酶（polyphenol oxidase，PPO）

PPO是酚类物质氧化的主要酶类，氧化可产生醌类，如咖啡酸、绿原酸等，以杀死病原菌或形成木质素合成的前体——预苯酸，从而修饰伤口、抑制病原菌的繁殖[43]。由于PPO具有以上两种功能，起到了保护寄主的作用，使寄主免于病原菌的危害，最终表现为抗病。PPO可催化醌和单宁的生物合成，醌和单宁对病原菌的菌丝生长有毒性；另外，由于酚类物质是细胞形成木质素的前体物质，PPO可以催化酚类物质合成木质素的反应，促进细胞壁木质化以抵抗病原菌的危害[44]，因此，PPO活性的变化与抗病性有一定的相关性，病原物侵染及其他外界刺激可诱导PPO活性增加，抗病品种的PPO活性在接种后也显著升高。李华琴[45]研究发现，小麦感染白粉病后，抗病品种的PPO活性变化高于感病品种，并认为抗病品种是依靠PPO活性的提高来促进醌类化合物的积累从而提高抗病性。因此，可将PPO活性的变化规律作为苗期植物抗白粉病鉴定的一个指标。PPO的活性可被诱导而增强。目前，一般认为PPO活性的增加可能有以下几个原因：一是钝化态的PPO，被侵入的病原菌激活或束缚态的PPO被释放；二是激活PPO的mRNA翻译，重新合成PPO；三是侵入病原菌的PPO成为寄主PPO中的一部分。Kosuge[46]曾经指出，受侵害植物组织内PPO活性的增加，并非一定与抗性相关。所以，在分析PPO与抗病性关系时，还必须明确寄主与病原菌、其他刺激因子相互作用过程中PPO活性增加的真正原因，通常认为由植物本身引起PPO活性的增加与抗病性呈正相关。

在抗性机制的研究中，大部分学者认为，一般在亲和性互作中PPO活性降低，非亲和性互作中PPO活性升高。如李淑菊等[47]认为，PPO活性与抗病性呈正相关，丁九敏等[32]在黄瓜霜霉病的研究中也得出了相同的结论。辛建华等[48]在研究PAL、PPO与甜瓜抗枯萎病的关系中发现，接种后，抗病品种和感病品种的PPO活性均升高，并且抗病品种的PPO酶活性一直高于感病品种，抗病品种的酶活性下降速度比感病品种慢。黄凤莲[49]研究辣椒疫病的结果表明，PPO活性与抗病性呈正相关。以上研究结果均认为，PPO的活性与抗病性呈正相关。与以上结论不同的是，张晓葵等[50]认为，接种后感病品种的 PPO 活性是增加的，而抗病品种的 PPO 活性呈下降趋势，且下降幅度较大。

1.3.2.3 苯丙氨酸解氨酶 （phenylalanine ammonia lyase，PAL）

PAL 是木质素和抗毒素合成的主要参与酶，其活性的增强有利于木质素和抗毒素物质的生物合成。许多试验研究表明，植物在受到病原菌或其他诱导物作用后，PAL 活性均有所升高，并且抗病品种产生的 PAL 活性远高于感病品种，酶活性的刺激作用，在病原菌感染周围高于离感染较远的部位[51-52]。PAL 也是参与酚代谢的主要酶之一，其活性与酚类化合物的合成有密切关系[53]。酚类化合物也是植物最重要的抗病因子之一。如经典研究证明，有色鳞片洋葱品种的外层鳞片内含有焦儿茶酚和原儿茶酚，对炭疽病有抵抗作用[54]；酚类化合物可抑制病原物孢子的萌发，也可沉积形成侵填体[54-55]。很多受病原菌感染或诱导物刺激的植物组织中 PAL 活性的升高，都表现出一个很长时间过程，在病原菌侵染或诱导物刺激的最初几小时后，酶活性缓慢增强，随后急剧上升，达到高峰期，然后进入衰退期[56]。有研究表明，在侵染初期 PAL 可以重新合成，而后期植物细胞中则积累了钝化 PAL 的大分子物质[57]。一些植物体特别是抗性品种中受到病原菌的侵染后，会积累从莽草酸或乙酸途径合成的大量酚类化合物，而 PAL 是莽草酸途径的关键性酶[58]。同时，PAL 的活性与酚类化合物的合成密切相关，PAL 活性越大，酚类合成代谢越强，品种的抗病性也就越高。由于 PAL 是一种诱导酶，所以寄主被病原物侵染后即可诱导产生大量的 PAL。PAL 也是酚类及类黄酮化合物合成的一种控制酶，能催化苯丙氨酸转化为肉桂酸，产生的许多次生产物——木质素、酚类、香豆素、黄酮等[59]具有抵抗病原物侵害的作用。基于 PAL 的以上作用，一般由亲和性互作而引起的感病反应中 PAL 活性降低，非亲和性互作而引起的抗病反应中 PAL 活性升高。许多学者的研究也证明了这一点。许勇等[60]研究了枯萎病病原菌诱导的结构抗性和相关酶活性的变化与西瓜枯萎病抗性的关系。辛建华等[48]对甜瓜枯萎病的研究、曹赐生等[61]对杂交稻不同抗性组合感染白叶枯病病原菌后防御性酶活性变化的研究，试验结果都证明了接种病原菌后，抗病品种和感病品种的 PAL 活性均升高，并且抗病品种 PAL 活性增加的幅度明显大于感病品种。

1.3.2.4 超氧化物歧化酶 （superoxide dismutase，SOD）

SOD 催化超氧阴离子自由基 O_2^- 与 H^+ 发生歧化反应，生成 H_2O_2 和 O_2，SOD 作为体内自由基的有效消除剂，能使自由基的形成和消除处于一种动态平衡，从而抵御 O_2^- 的毒害作用，从而保护膜结构、提高植物抗病性。1969年，Mccord 和 Fridivich 第一次报道了从牛血红细胞中发现 SOD 的酶学特征，并证明了其主要功能。之后，在植物体中也发现了这种酶，主要功能是将 O_2 歧化为 H_2O。植物体中 SOD 主要以 Fe‐SOD、Mn‐SOD 和 Cu/Zn‐SOD 形式存在于细胞质、叶绿体、线粒体和过氧化物酶体中，金属离子主要位于酶活性中心，其存在与否直接影响酶的活性。在寄主与病原物非亲和性互作中，活性氧积累及膜质过氧化启动发生在过敏性反应（hypersensitiveresponse，HR）表现之前[62]。活性氧的积累水平与过敏性坏死细胞数量呈正相关[63]，在寄主与病原物亲和性互作中，活性氧产生系统不被激活或只有少量激活，SOD、POD、CAT 等保护性酶系略有升高。一方面，活性氧的产生比较晚且产量低，能维持活性氧的正常代谢水平，引起的膜脂过氧化也较弱；另一方面，植物体抗氧化能力被打破，导致原有状态失衡，从而对植物体产生伤害，使植物体容易感病。在活性氧和保护酶系变化的基础上，Chigrin 提出了膜损伤因子学说。他认为，寄主材料的抗病性、感病性取决于膜损伤因子中的不饱和脂肪酸和酚羟酸的氧化物，也取决于寄主保护性酶类生成的相对速率[64]。当病原物侵入植物体后，如果膜损伤因子的出现早于植物体中保护酶类的生成，则诱导活性氧大量产生，导致膜质过氧化作用，发生 HR 反应，植物体从而表现为较高的抗病性；反之，植物体表现为感病性[65]。不同植物病害系统中 SOD 活性的变化一般是不同的。在小麦赤霉病的研究中，王雅平等[66]研究认为，小麦不同品种健康植株的 SOD 活性与品种抗赤霉病呈正相关性，小麦 SOD 活性变化在接种前后与品种对赤霉病的抗性也呈正相关。云兴福等[35]对黄瓜霜霉病、沈其益[67]对棉花枯萎病、桂美祥[68]对棉株感染黄萎病的研究表明，SOD 活性与其抗病性呈负相关性，结果刚好同上述研究相反，即病原菌对感病品种 SOD 活性的诱导比抗病品种的要大。葛秀春等[69]对水稻稻瘟病和张显等[70]对西瓜枯萎病的研究表明，SOD 活性与其抗病性不显著相关。朱友林等[71]用玉米的近等基因系研究了大斑病病原菌侵染后 SOD 活性的动态变化，发现在侵染初期抗病品系的 SOD 活性一般呈下降趋势，低于感病品系，在中后期却有大幅上升，明显高于感病品系。他们认为，抗病品系初期 SOD 活性减弱，与其植物体细胞膜透性增强，发生过敏性反应以及大量释放抗生素，早期抗病反应有密切关系，而中后期抗病品系 SOD 活性增强则与其限制病斑扩展的能力有关。尽管许多病害系统中已发现 SOD 活性与植物抗病性相关（或正或负），但也有研究表明 SOD 活性与抗病性无关，由于关系还不明确，因此有待进一步研究。Moreau 等在研究马铃薯块茎和叶片的植物保卫素积累过程中是否有 SOD 参与时，发现这一过程并无 SOD 参与[72]。还有许多报道也表明，SOD 与抗病性之间没有相关性。可能是因为每一种病害体系都有其独特的抗病性和致病性机制，而且在每一种病害中，植物的抗病性也往往是多途径、多手段抗病性机制的综合。所以，再具体到 SOD 活性，也不可能与每一种病害都相关，即使相关，也可以有程度上的差异[73]。

1.3.3 病害抗性相关物质的防卫反应

1.3.3.1 可溶性糖、酚类物质与植物抗病性

植物接受刺激后，可溶性糖和酚类物质含量增加，植物保卫素和木质素产生并积累。可溶性糖和木质素合成量的提高，是植物抗性潜能被激活的结果。植物接受诱导刺激后所发生的生理生化反应有可溶性碳水化合物和酚类物质的增加、植物保卫素产生和积累以及多种酶活性的变化、病程相关蛋白的产生等。接种白粉菌后，可溶性糖含量的变化趋势为降低-升高-降低-升高。有学者认为，黄瓜接种白粉病前的糖含量越高，该品种的抗病性越强[74]。也有研究报道，糖是病原微生物必需的营养物质，糖含量高是促进植物感病的因素。试验表明，病原菌的侵染可消耗植株体内的可溶性糖，但不能说明可溶性糖含量的降低与品种抗病性密切相关。

植物产生抗性后，体内酚类物质积累。酚类物质不仅可以作为病原物的拮抗剂，抑制孢子萌发和菌丝生长，在某些情况下，还可以抑制病原物毒素及酶活性。酚类物质可被氧化为醌类物质，对病原真菌有毒害作用，同时可形成木质素的前体，使寄主细胞木质化而起到抗病作用[75]。

1.3.3.2 可溶性蛋白与植物抗病性

蛋白质是植物细胞中最重要的有机物质之一，是细胞结构中最重要的成分之一。郑翠明等研究结果表明，抗斑驳品种健株种皮中可溶性蛋白含量显著高于感斑驳品种[76]，这与罗玉明等研究结果相似[77]；接种大豆花叶病毒后，感斑驳病品种种皮中可溶性蛋白含量增加，抗斑驳病品种可溶性蛋白含量降低，这与李妙等在棉花枯萎病方面[78]、朱荷琴等在棉花黄萎病方面[79]、代红军等在甘薯蔓割病方面[80]的研究结果相一致。而周博如等认为，抗病品种的可溶性蛋白含量先降低，后升高；接种后，感病品种可溶性蛋白含量先升高，后降低[81]。

1.3.3.3 丙二醛（MDA）与植物抗病性

MDA 是细胞膜脂过氧化水平的重要指标，是膜脂过氧化作用中的主要产物，又是一种能强烈地与细胞内各种成分发生反应的主要物质，因而引起酶和膜的严重损伤，膜电阻及膜的流动性降低，最终导致膜结构及生理完整性的破坏[82]，其含量与膜脂过氧化程度呈正相关[83]。江彤等研究结果表明，接种后抗性品种的 MDA 含量明显高于没有接种的对照，感病品种的 MDA 含量与对

照相比差异较小，接种后抗病品种的 MDA 含量却明显高于感病品种[84]。而王建明等对西瓜枯萎病的研究结果与其并不一致[85]。柯玉琴等研究烟草青枯病得出的研究结果也相似[86]。余文英等研究甘薯抗疮痂病时发现，甘薯染病后，感病品种的 MDA 含量持续大幅度地上升；抗病品种在中期上升到最高点，接着下降，后期又上升；总体上，感病后，抗、感病品种的 MDA 含量比正常的叶片高，感病品种的上升幅度远比抗病品种大[87]；因此，在病原菌的胁迫下，寄主体内 MDA 的含量有重要的参考价值，故有人提出以植物细胞内的 MDA 含量作为植物抗病性的生理指标。

1.3.3.4　叶绿素与植物抗病性

关于叶绿素与植物抗病性的关系，在不同植物与病原菌的相互作用中表现不同。2001 年，刘会宁等报道了几个欧亚种葡萄品种对霜霉病的抗性鉴定，不同抗性品种的叶绿素含量与其相应的病情指数呈显著正相关[88]；罗玉明等的试验结果与此相反[77]。李淑菊等对黄瓜黑星病抗性不同材料叶绿素含量的测定结果表明，叶绿素含量与抗病性无明显关系[47]。而顾振芳等[89]、丁九敏[32]、刘庆元等[90]和王惠哲等[74]的研究结果都表明，在接种前，黄瓜叶片中叶绿素含量高的品种对霜霉病和白粉病的抗性强，他们认为叶绿素含量高，叶片光合作用强，产生的能量高，积累的有机物质多，抗性也随之增强。

1.3.3.5　游离脯氨酸与植物抗病性

脯氨酸是一种与渗透调节有关的小分子有机物质。此外，脯氨酸具有清除自由基、提高蛋白质水溶性、稳定细胞膜和蛋白质结构等功能[91]。很多研究证明，脯氨酸在植物的抗性生理中发挥着重要作用。当植物受到干旱、盐、低温、病害等胁迫时，其含量明显增加[92]。在正常生长条件下，植物体内的脯氨酸含量较低；对大麦、烟草、油菜、黄瓜等的研究表明，植株感染病菌后，各品种间的游离脯氨酸含量都迅速增加，并且其增加幅度与抗性呈正相关[77]。对于植物在逆境条件下的游离脯氨酸含量普遍提高这种现象，有两种解释：一种解释认为，这只是植物受到胁迫时细胞受损的病征之一；另一种解释认为，植物通过合成脯氨酸来抵御胁迫。例如，水稻和高粱等在受到盐胁迫时，体内脯氨酸含量的提高被认为是高盐造成的细胞伤害症状之一，与抗性之间的关系并不明显[93]。

1.3.4　结构抗性的研究

气孔是许多植物病原细菌和真菌的重要侵入通道。许多病原物只能通过气孔侵入寄主，Hull 最早报道玉米品种对高粱柄锈菌（*P. sorghi*）的感病性与叶表面气孔数目的一致性。Mckeen 于 1921 年发现柑橘对溃疡病菌的侵入抵抗与气孔结构有关,表现在抗病的品种中国柑橘气孔几乎是关闭的或由于角质脊的隆起而形成较狭窄的通道,结果导致含有病原细菌的水滴很难通过气孔缝隙侵入寄主,而感病的品种美国葡萄柚缺乏上述角质突起结构,含有病原细菌的水滴很容易被吸入气孔下室而使植物发病。美国罗夫斯用桃穿孔病菌接种桃树叶片的上、下表皮,结果只在下表皮接种时发病,上表皮由于缺乏气孔,接种后很少形成病斑。核果核盘菌菌丝既能穿透寄主植物角质层,又能通过气孔侵入。当寄主植物角质层厚而坚固时,病菌只有通过气孔侵入内部组织,这时气孔的数量与大小就与植物的抗病性、感病性密切相关。

由病菌诱导合成的凝胶、侵填体和栓质可以使植物的大部分免受其害。胼胝质、富含羟脯氨酸的蛋白质和木质素的沉积有减慢病菌繁殖速度的作用,病菌侵染点局部组织坏死对病菌转移和植物中营养成分的提供有阻碍作用。

与抗病性有关的植物表面结构有角质层以及其上不规则沉积的蜡质和表皮毛。角质层和蜡质层的抗病作用主要在于表面不易湿润,接受病原物侵染的概率小。其厚度与抗病性也有关系,抗病的小檗品种表皮细胞连同角质层的厚度达 $1.75\,\mu m$,感病品种只有 $0.82\,\mu m$。抗灰霉病的番茄品种叶片表面就覆盖着较厚的角质层。因为有些植物病原真菌产生角质降解酶,所以角质层对这些真菌并不具有阻止侵染的作用。角质层是植物表面最外的一层,它不仅表现在阻止病原菌的侵入,而且其组分对某些真菌孢子萌发具有抑制作用。另外,有些植物的角质层中含有抑制性物质,如烟草叶片角质层中的孢子萌芽抑制素能抑制烟草双霉菌孢子囊萌发。陈志谊[94]对水稻纹枯病的研究结果表明,抗病品种的叶片蜡质含量明显高于感病品种。Martin 和 Juniper[95]于 1979 年发现角质层的某些物质对真菌活动具有抑制作用,可以外渗到寄主表面的液滴中,这些物质可以影响到病原菌孢子的萌发。Martin 和 Juniper 认为,叶片湿润性在很大程度上受寄主表面蜡质和叶毛控制。蜡质层有减轻和延缓发病的作用。病原菌侵入寄主首先要能黏附于寄主表面,且萌发产生芽管,完成这一步常常需要寄主具有一个湿润的表面。

1.4　本试验的研究目的、意义和主要内容

白粉病是一种广泛发生的世界性病害,在西葫芦、黄瓜、甜瓜、西瓜和南瓜等瓜类蔬菜作物上都严重发生。近年来,白粉病已成为我国瓜类的主要病害,白粉病虽然能用杀菌剂防治,但筛选和培育抗病品种是防治白粉病最为经济、安全和有效的方法之一,而抗病遗传背景和抗病机制的研究则是制定抗病

育种策略的重要依据。开展甜瓜抗白粉病品种选育，必然涉及对白粉病病原的鉴定、寄主抗病性及抗病机制的研究。

本试验通过对甘肃甜瓜主产区白粉病病原的收集、病原种与生理小种的鉴定，甜瓜不同抗病品种抗、感病机制的研究，用以确定甘肃甜瓜白粉病病原种、生理小种及优势小种，揭示甜瓜抗病生理生化机制，丰富甜瓜白粉病研究相关理论基础，为甜瓜抗病品种的选育提供理论依据。

1.5　本试验的研究技术路线

1.5.1　甘肃省白粉病菌生理小种的鉴定

技术路线见图 1-1-1。

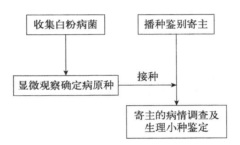

图 1-1-1　甘肃省白粉病菌生理小种的鉴定技术路线

1.5.2　甜瓜抗白粉病生理生化特性及细胞结构的研究

技术路线见图 1-1-2。

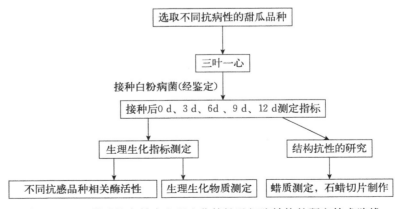

图 1-1-2　甜瓜抗白粉病生理生化特性及细胞结构的研究技术路线

第二章　甘肃省甜瓜白粉病病原种及生理小种的鉴定

白粉病是危害甜瓜的重要病害之一，主要由瓜单囊壳（*Sphaerotheca fuliginea*）和二孢白粉菌（*Erysiphe cichoracearum*）引起，我国以瓜单囊壳危害较为普遍。

白粉病是瓜类作物广泛发生的一种世界性病害，温室及露地栽培均可发生，白粉病病原菌主要侵染瓜类叶片，也危害叶柄、茎蔓。一般是自下而上染病，先在叶片表面出现分散褪绿斑点，然后在褪绿斑点上很快长出成堆的白粉状霉层。这不但降低植株的光合效能，同时可使叶片变得脆硬，甚至导致整株萎黄枯干、早衰死亡，进而使植株产量和果实品质下降。本试验通过甘肃省甜瓜白粉病病原的收集、鉴别寄主接种鉴定来进一步了解本地区白粉病病原菌种类，明确当地白粉病病原菌的生理小种，研究结果对开展抗病育种及病害防治等均具有重要意义。

2.1　材料

2.1.1　植物材料

采用国际通用的甜瓜白粉病病原生理小种鉴别寄主材料[94]：Iran H、Vedrantais、Topmark、PMR 5、PMR 45、WMR 29、PI 124111、PI 124112、PI 414723、Edisto 47、MR－1、PMR 6、Nantais Oblong，共计13份。其中，PMR 5、PMR 6、MR－1引自美国克莱姆森大学 B. Rhodes 处，其余材料由国家蔬菜工程技术研究中心提供。

2.1.2　甜瓜白粉病病原的采集

于甜瓜果实成熟期在甘肃省甜瓜主要产区的兰州市皋兰县什川乡采集5份

白粉病病叶，民勤县收成乡和西渠镇采集 10 份白粉病病叶，瓜州县西湖乡和瓜州乡采集 10 份白粉病病叶，将病叶采集后分别装入塑料袋中带回，立即用于显微镜的观察与鉴别寄主的接种工作。

2.2　方法

2.2.1　甜瓜白粉病病原种的鉴别

将新鲜白粉病病原菌涂抹在载玻片上，滴 1 滴 3% 的 KOH 溶液，在 10×40 倍的显微镜下观察分生孢子上是否有纤维状体。

将接种白粉病病原后 12 h、48 h、72 h 的病叶样品材料切成约 1 cm 长的叶段，4% 戊二醛磷酸缓冲液固定，1/15 mol/L 磷酸缓冲液（pH＝7.6）清洗 3 次，每次 10 min，1% 锇酸二次固定液过夜（4 ℃），再用 0.2 mol/L 磷酸缓冲液（pH＝7.6）清洗 3 次，每次 10 min，50%、70%、80%、90%、100% 乙醇梯度脱水，脱水后将材料转入叔丁醇溶液中静置 2 h 后取出，置于真空干燥器中抽真空干燥，待小瓶内的冰晶挥发干后取出粘于展台，在离子镀膜仪中溅射镀金膜，用扫描电镜连接图像分析系统观察拍照。

2.2.2　甜瓜白粉病病原小种的鉴别

将 13 份甜瓜鉴别寄主分别种植于花盆中，待子叶展开时，用新鲜感染白粉病的甜瓜叶片进行接触接种，保持较高湿度 48 h，观察其发病情况，根据表 1-2-1 鉴别寄主的抗感病反应确定病原的生理小种（参照王娟等[96]的分类标准和抗感病计算方法）。

0 级：整个植株没有病斑；

1 级：仅子叶有很少量病斑；

2 级：仅子叶有较多病斑或子叶有病斑，茎上有很少量病斑；

3 级：子叶有很多病斑，茎上有少量病斑；

4 级：子叶和茎上布满病斑，或子叶和茎上布满病斑，真叶有病斑；

5 级：植株因感病而死。

计算病情指数（DI）：$DI = \sum (s_i n_i)/5N \times 100$

式中：s 为发病级别；n 为相应发病级别的株数；i 为病情分级的各个级别；N 为调查总株数。

抗病：$0 < DI \leqslant 40$；中间型：$40 < DI \leqslant 60$；感病：$DI > 60$。

表 1-2-1　甜瓜鉴别寄主对皋兰县白粉病菌的抗感反应

鉴别寄主	*S. fuliginea*				
	1	2	3	4	5
Iran H	S	S	S	S	S
Tormark	S	S	S	S	S
Vedrantais	S	S	R	S	S
PMR 45	R	R	R	S	R
PMR 5	R	R	R	R	R
WMR 29	R	R	R	R	R
Edisto 47	R	R	R	R	R
PI 414723	R	R	R	R	R
MR-1	R	R	R	R	R
PI 124111	R	R	R	R	R
PI 124112	R	R	R	R	R
PMR 6	R	R	R	R	R
Nantais Oblong	S	S	S	S	S

注：R 为抗病、S 为感病，1、2、3、4、5 为不同的采样点。

2.3　结果与分析

2.3.1　甜瓜白粉病病原种的鉴别

通过新鲜白粉病病原菌分生孢子镜检，观察到白粉病病原菌无性世代的分生孢子。形态特征表现为圆柱形分生孢子梗，无色不分支，有 2～4 个隔膜。分生孢子椭圆形，无色，单胞，有时串生，呈念珠状，有发达的纤维状体。

扫描电镜的观察结果显示，接种后 12 h，能清楚地找到白粉病病原菌分生孢子，但尚未萌发；接种后 48 h，部分白粉病病原菌分生孢子萌发，并长出较长的菌丝。由图 1-2-1 可以看到，从分生孢子侧面长出叉状的萌发管，萌发管的宽度基本保持不变，平均大小为（4.3±1.16）μm。由以上结果确定本试验所采病原为 *S. fuliginea*。

2.3.2　甜瓜白粉病病原生理小种的鉴别

接种试验观察结果表明，在感病品种的叶片上接种 4 d 后就可看到明显的

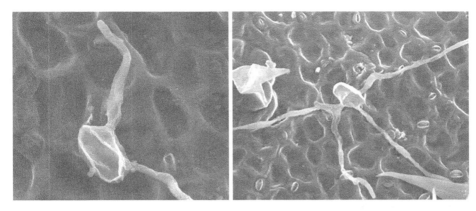

图 1-2-1　甜瓜白粉病病原菌分生孢子萌发的电镜扫描

白粉病病斑，即开始轻微发病，以后逐步加重，12 d 后充分发病，一般能达到 3~4 级的水平（参照王娟等[96]的分级标准和抗感病计算方法）。由表 1-2-1 将甜瓜白粉病病原菌接种于 13 份鉴别寄主的叶片上，观察结果显示，13 份鉴别寄主发病差别很大，抗感病品种表现有明显的差异。

　　由表 1-2-1 看出，病原菌 1、2、5 号能够使 Iran H、Tormark、Vedrantais、Nantais Oblong 4 个品种发病，3 号能够使 Iran H、Tormark、Nantais Oblong 3 个品种发病，4 号除使 Iran H、Tormark、Vedrantais、Nantais Oblong 4 个品种发病外，还能够使 PMR 45、Edisto 47 和 PI 414723 发病。

　　表 1-2-2、表 1-2-3 的结果表明，民勤县和瓜州县的病原菌除能够使 IranH、Tormark、Vedrantais、Nantais Oblong 4 个品种发病外，其余鉴别寄主都表现抗病。由此确定，皋兰 4 号病原菌为 *S. fuliginea* 中的小种 2US，其余病原菌全为小种 1。

表 1-2-2　甜瓜鉴别寄主对民勤县白粉病菌的感抗反应

鉴别寄主	*S. fuliginea*									
	1	2	3	4	5	6	7	8	9	10
Iran H	S	S	S	S	S	S	S	S	S	S
Tormark	S	S	S	S	S	S	S	S	S	S
Vedrantais	S	S	S	S	S	S	S	S	S	S
PMR 45	R	R	R	R	R	R	R	R	R	R
PMR 5	R	R	R	R	R	R	R	R	R	R
WMR 29	R	R	R	R	R	R	R	R	R	R

（续）

鉴别寄主	S. fuliginea									
	1	2	3	4	5	6	7	8	9	10
Edisto 47	R	R	R	R	R	R	R	R	R	R
PI 414723	R	R	R	R	R	R	R	R	R	R
MR－1	R	R	R	R	R	R	R	R	R	R
PI 124111	R	R	R	R	R	R	R	R	R	R
PI 124112	R	R	R	R	R	R	R	R	R	R
PMR 6	R	R	R	R	R	R	R	R	R	R
Nantais Oblong	S	S	S	S	S	S	S	S	S	S

注：R 为抗病、S 为感病，1、2、3、4、5、6、7、8、9、10 为不同的采样点。

表 1－2－3　甜瓜鉴别寄主对瓜州县白粉病菌的感抗反应

鉴别寄主	S. fuliginea									
	1	2	3	4	5	6	7	8	9	10
Iran H	S	S	S	S	S	S	S	S	S	S
Tormark	S	S	S	S	S	S	S	S	S	S
Vedrantais	S	S	S	S	S	S	S	S	S	S
PMR 45	R	R	R	R	R	R	R	R	R	R
PMR 5	R	R	R	R	R	R	R	R	R	R
WMR 29	R	R	R	R	R	R	R	R	R	R
Edisto 47	R	R	R	R	R	R	R	R	R	R
PI 414723	R	R	R	R	R	R	R	R	R	R
MR－1	R	R	R	R	R	R	R	R	R	R
PI 124111	R	R	R	R	R	R	R	R	R	R
PI 124112	R	R	R	R	R	R	R	R	R	R
PMR 6	R	R	R	R	R	R	R	R	R	R
Nantais Oblong	S	S	S	S	S	S	S	S	S	S

注：R 为抗病、S 为感病，1、2、3、4、5、6、7、8、9、10 为不同的采样点。

因此，确定甘肃省甜瓜白粉病病原菌的优势生理小种为小种 1。

2.4　讨论

有研究报道，引起葫芦科作物白粉病的有以下有 3 个属 6 个种的真菌，它们分别是白粉菌属二孢白粉菌（*E. cichoracearum* DC. sensu latu）、白粉菌属

普生白粉菌 [*E. communis* (Wallr.) Link]、白粉菌属蓼白粉菌 (*Erysiphe polygoni* DC)、内丝白粉菌属鞑靼内丝白粉菌 [*Leveillula taurica* (Lev.) Arnaud]、单囊壳属单囊壳菌 [*S. fuliginea* (Schlecht. ex Fr.) Poll] 和粉孢霉 (*Oidium* sp.)。其中，报道最多的是 *S. fuliginea*，其次是 *E. cichoracearum*，其他的病原菌罕有报道。再者，其他种的白粉病菌与 *S. fuliginea* 和 *E. cichoracearum* 区别较大，容易区分。研究资料表明，*S. fuliginea* 和 *E. cichoracearum* 的主要区别是 *S. fuliginea* 具有成串的分生孢子，分生孢子含有纤维状体和萌发管叉状。有时 *S. fuliginea* 的萌发管不呈叉状，其分生孢子不含纤维状体，也缺乏成串的分生孢子，但萌发管的宽度基本保持不变，平均萌发管宽度 *S. fuliginea* 是 (4.3 ± 1.16) μm，*E. cichoracearum* 是 (6.9 ± 1.16) μm。因此，本试验所采的甜瓜白粉病菌为 *S. fuliginea*[5、97、1]。

截至目前，已被命名的 *S. fuliginea* 生理小种有 11 个：分别是小种 0、1、2US、2France、3、4、5、N1、N2、N3 和 N4；由试验结果可以看出，皋兰 4 号病原菌为 *S. fuliginea* 生理小种 2US，其余病原菌均为 *S. fuliginea* 生理小种 1。表 1 - 2 - 2 的试验结果中，Vedrantais 对皋兰 3 号病原菌的抗病表现与前人研究结果不符，可能是由于接种或其他原因造成。由于 25 份病原菌中有 24 份为 *S. fuliginea* 生理小种 1，因此确定甘肃省甜瓜主产区白粉病优势生理小种为 *S. fuliginea* 生理小种 1。

我国在瓜类作物白粉病病原方面已有一些研究报道。屈振淙[2] 经鉴定认为，吉林长春黄瓜白粉病病原菌为 *S. fuliginea*。徐志豪等[3] 研究认为，*S. fuliginea* 是引起浙江杭州春季甜瓜白粉病发生的主要病原菌。王娟等[4] 和包海清等[98] 分别初步确定北京和海南三亚甜瓜白粉病由 *S. fuliginea* 的两个生理小种所致，即小种 1 和小种 2France，且优势小种为 2France。本试验结果与上述研究在病原种上相同，但生理小种和优势小种有一定的差异。

据统计，2008 年甘肃省甜瓜种植面积（主要指厚皮甜瓜）约 6 660 hm²。其中，瓜州县和民勤县各占约 2 000 hm²，以露地栽培为主，皋兰县约 330 hm²，以保护地早熟促成栽培为主。合计种植面积占甘肃省甜瓜总面积的 60% 以上，病原菌的采集点散布在甜瓜主要种植区域。因此，其试验结果有一定的代表性。

第三章 甜瓜抗白粉病生理生化特性的研究

3.1 材料与方法

3.1.1 供试菌株

甜瓜白粉病病原菌采自甘肃省皋兰县原种场日光温室中感病的甜瓜植株上，采用活体接种保存、备用。经鉴定为 *S. fuliginea* 生理小种 1。

3.1.2 播种方法

供试品种：甜瓜品种共 4 个，PMR 5（PR）、Planters Jumbo（PJ）、白兰蜜（BL）和黄河蜜 3 号（H）。根据历年田间观察结果，PMR 5 对白粉病表现免疫，PJ 高抗，白兰蜜表现中抗，黄河蜜 3 号表现感病。2008 年 11 月 27 日，将 4 个品种的种子播种于 21 cm×16 cm×13 cm 花盆中，每个品种 100 株。植株长到 3 叶 1 心时，用孢子抖落法接种白粉病病原菌（经第一章鉴定菌种）。接种 7 d 后，开始观察并调查病情指数。

3.1.3 植株发病分级标准

本研究选用了中国农业科学院蔬菜花卉研究所植保室的病情分级标准，将发病程度分为 6 个级别（图 1-3-1）。

0 级：病叶上无斑点；

1 级：叶缘有稀疏病斑，叶面上无大病斑；

2 级：叶缘病斑增加到 4～5 个，并沿叶脉向叶中发展；

3 级：叶缘病斑增大，融合成大病斑，叶中病斑出现，但数量不多于 3 个，且有穿孔，出现脱落；

4 级：整个叶面病斑较多，相互融合成大病斑，穿孔，脱落较严重。

按加权平均法计算病情指数，具体公式如下：

病情指数 $= \sum$（该级病叶数×该级代表数值）×100/（调查叶片数×发病最高级代表数值）

并且，调查时每个单株自下而上调查 5 片叶，根据侵染型级别及各级侵染型数目确定抗、感类型的划分标准。

图 1-3-1　甜瓜白粉病接种鉴定分级标准

3.1.4　取样方法

分别于接种前和接种发病后 3 d、6 d、9 d、12 d 取植株第一片真叶（感病未坏死），用自来水和蒸馏水冲洗、沥干，每个品种 3 次重复。用于各项指标的测定，取其平均值，以未接种植株为对照。

3.1.5　测定方法

3.1.5.1　SOD 活性测定

参考朱光廉的氮蓝四唑（nitro blue tetrazolium chloride，NBT）法[99]。取 0.1 g 叶片，加入 4.5 mL PBS 缓冲液（pH＝7.8）和 0.2 g PVP，在冰浴中匀浆，4 ℃、4×10^3 r/min 离心 15 min，上清液用于酶的测定。每一品种取试管 5 支，其中 3 支为测定管，另 2 支为对照管，加入反应体系液，包括 pH 7.8 的 0.05 mol/L 磷酸缓冲液 1.5 mL、130 mmol/L 的甲硫氨酸 0.3 mL、750 μmol/L 的 NBT 0.3 mL、100 μmol/L 的 EDTA - Na_2 0.3 mL、20 μmol/L 的核黄素 0.3 mL、蒸馏水 0.5 mL 及粗提液 0.1 mL，对照管以缓冲液代替粗提液。将 1 支对照管置暗处，其他各管置于 4 000 lx 日光下反应 20 min。反应结束后，以不照光的对照管作空白，分别测定其他各管的吸光度。SOD 酶活性单位定义为将 NBT 还原抑制到对照 50% 时所需的酶量，SHI - MAI ZUUv - 2410PC 分光光度计测定吸光度。按下列公式计算样品中 SOD 活性。

$$SOD 活性（U/g FW）=[(A_0-A_s) \times 5]/(0.5 \times A_0 \times m \times 0.1)$$

式中：A_0 为照光对照管的吸光度；A_s 为样品管的吸光度；m 为样品鲜重（g）。

3.1.5.2　POD 活性测定[99]

取新鲜叶片 0.2 g，放入预冷研钵中冰浴研磨，加入少许蒸馏水和聚乙烯吡咯烷酮（PVP）研磨成匀浆，然后移入 10 mL 容量瓶中定容，使用冷冻离心机在 4 ℃条件下于 4 000 r/min 离心 15 min，取上清液即为粗酶液。在试管中分别加入 pH 5.0 的醋酸缓冲液 1 mL、0.1% 邻甲氧基苯酚（愈创木酚）1 mL 及酶液 0.2 mL，摇匀，置于 30 ℃恒温水浴锅中保温 5 min，然后加入 0.08% H_2O_2 1 mL，再次摇匀，立即用秒表计时反应 1 min 后生成棕红色的 4 - 邻甲氧基苯酚溶液，SHI - MAI ZUUv - 2410PC 分光光度计测定吸光度，以 OD 值变化 0.01 为一个酶的活性单位。

3.1.5.3　PPO 活性测定[100]

取叶片 0.2 g，放入预冷研钵中冰浴研磨，加入少许 pH 6.8 的磷酸缓冲液和 PVP 研磨成匀浆，然后移入 10 mL 容量瓶中定容，4 ℃条件下于 4 000 r/min 离心 15 min，取上清液即为粗酶液。取 0.05 mol/L 邻苯三酚 1.5 mL、pH 6.8 的磷酸缓冲液 1.5 mL 及酶液 0.2 mL，于 30 ℃恒温水浴锅中保温 2 min，然后立即在冰浴下停止反应，以缓冲液代替酶液作为对照，SHI - MAI ZUUv - 2410PC 分光光度计在 470 nm 波长处测定吸光度值，以 OD 值变化 0.01 为一个酶的活性单位。

3.1.5.4　PAL 活性测定[100]

取叶片 0.2 g，放入预冷研钵中，加入少许 pH 8.8 的硼酸缓冲液和 PVP，在冰浴中研磨成匀浆，然后移入 10 mL 容量瓶中定容，4 ℃条件下 4 000 r/min 离心 30 min，取上清液即为粗酶液。取 0.02 mol/L L-苯丙氨酸 1 mL、pH 8.8 的硼酸缓冲液 2 mL、酶液 0.2 mL，作为反应体系，以不加酶液的作为对照，摇匀后立即在分光光度计 290 nm 处测定起始 OD 值，将第一次测定后的各支试管于 30 ℃恒温水浴锅中保温，精确计时，30 min 后再分别测定 OD 值，将第二次测得的 OD 值减去第一次测得的 OD 值即为反应的酶活性，以 OD 值变化 0.01 为一个酶活单位。

3.1.5.5　SOD 活性测定

参照李合生[100]的方法，利用 SOD 抑制氮蓝四唑（NBT）在荧光下的还原作用。按以下量将粗提酶液加入各溶液：3 mL 混合溶液中含有 0.05 mol/L 磷酸缓冲溶液 1.5 mL、130 mmol/L 蛋氨酸（Met）溶液 0.3 mL、750 μmol/L NBT 溶液 0.3 mL、100 μmol/L EDTA - Na$_2$ 0.3 mL、20 μmol/L 核黄素 0.3 mL、酶液 0.05 mL、蒸馏水 0.25 mL。混匀后将对照管置于暗处，其他各管于 4 000 lx 日光下反应 20 min（要求各管受光情况一致，若温度高，时间缩短，若温度低，时间延长）。反应结束，以不照光的对照管作空白，在 560 nm 波长下，分别测定其他各管的吸光度。

总酚、类黄酮的测定取 0.5 g 新鲜叶片，加 1% 甲醇 5 mL 于 4 ℃放置 24 h，提取液稀释后测定 OD$_{280 nm}$ 和 OD$_{325 nm}$，类黄酮含量以 OD$_{325 nm}$/g 表示，总酚含量用没食子酸标准曲线计算，以 mg/g 表示。

可溶性蛋白、可溶性糖、叶绿素、脯氨酸均按邹奇[101]的方法。

3.1.6　数据处理与分析

采用 EXCEL、SAS 9.0 处理。

3.2　结果与分析

3.2.1　甜瓜抗感品种 POD 活性的差异

由图 1 - 3 - 2 可以看出，接种病原菌后，抗感品种 POD 活性都有所提高，而 BL、PR、PJ 的 POD 活性增加幅度较大，BL 的 POD 活性变化趋势与 H 相近。而 PJ 变化无规律。

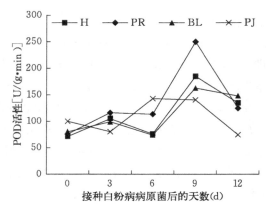

图 1-3-2　甜瓜不同品种接种白粉病病原菌后 POD 活性的变化

3.2.2　甜瓜抗感品种 SOD 活性的差异

由图 1-3-3 可以看出，在测定时间范围内，抗病品种 SOD 活性在接种后明显高于感病品种，高抗品种活性高于中抗品种；接种后，抗感品种均有所增加，在第 3 d 达到最高峰值，而后开始下降。但高抗品种 SOD 的活性始终偏高。

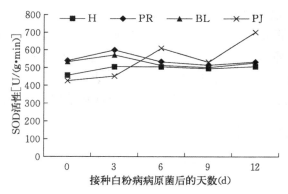

图 1-3-3　甜瓜不同品种接种白粉病病原菌后 SOD 活性的变化

3.2.3　甜瓜抗感品种 CAT 活性的差异

由图 1-3-4 可以看出，除 PJ 品种外，接种后高抗品种 PR 开始有一个较大幅度的上升，至第 6 d 达到高峰，然后呈持续下降的趋势；中抗品种 BL 变化不大，至第 9 d 开始下降；而 H 接种后经过一小幅度的上升后出现较大幅度的下降，总体趋势表现为高抗品种 CAT 活性高于中抗品种，中抗品种高于感病品种。但高抗品种 PJ 的变化规律性不强。

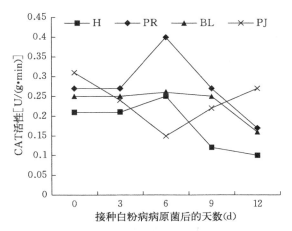

图 1 - 3 - 4　甜瓜不同品种接种白粉病病原菌后 CAT 活性的变化

3.2.4　甜瓜抗感品种 PAL 活性的差异

由图 1 - 3 - 5 可以看出，接种后抗感品种 PAL 活性都发生变化，3 d～6 d，酶活性都呈现较大幅度的上升，在峰值过后，酶活性都有不同程度的下降，而高抗品种始终高于中抗品种，中抗品种高于感病品种。

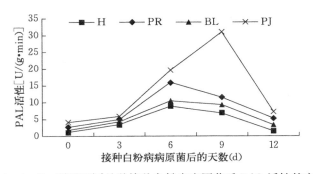

图 1 - 3 - 5　甜瓜不同品种接种白粉病病原菌后 PAL 活性的变化

3.2.5 甜瓜抗感品种 PPO 活性的差异

由图 1-3-6 可以看出，接种后，抗、感品种的 PPO 活性高峰均出现在同一天，抗病品种的峰值大于感病品种；接种 6 d 后，抗病品种、感病品种的 PPO 活性与对照相比均升高，只有 PR 3 d 后出现下降，而后逐渐上升。并且，抗病品种 PJ 最大值升高的幅度比感病品种的大。PPO 活性变化与抗病性之间是否有联系，仍有待进一步研究。

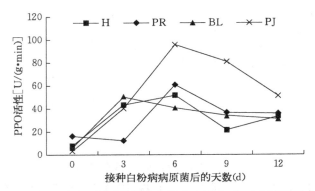

图 1-3-6 甜瓜不同品种接种白粉病病原菌后 PPO 活性的变化

3.2.6 甜瓜抗感品种可溶性蛋白含量的差异

如图 1-3-7 所示，对不同抗性品种接种前及接种后可溶性蛋白含量的测定结果表明，接种 3 d 后，可溶性蛋白含量均出现下降。其中，感病品种的下降幅度要大于中抗品种；接种 6 d 后，可溶性蛋白含量开始上升。由此可见，可溶性蛋白含量的变化与品种抗性之间表现为无相关性。

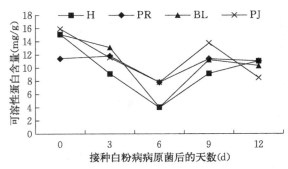

图 1-3-7 甜瓜不同品种接种白粉病病原菌后可溶性蛋白含量的变化

3.2.7 甜瓜抗感品种可溶性糖含量的差异

可溶性糖含量测定结果表明，除 PJ 品种外，接种后，各品种的可溶性糖含量虽出现上升，但上升速度缓慢；而中感品种在接种后上升幅度较大，其次是高抗品种；接种 9 d 后，4 个品种都有明显下降（图 1-3-8）。

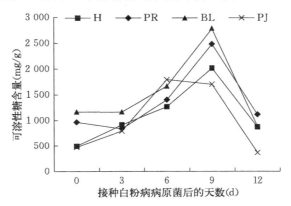

图 1-3-8 甜瓜不同品种接种白粉病病原菌后可溶性糖含量的变化

3.2.8 甜瓜抗感品种叶绿素含量的差异

如图 1-3-9 所示，接种后各品种叶绿素含量呈下降趋势。只有 6 d 后呈上升趋势，之后又开始下降。在接种后 3～6 d，以中感品种 BL 的叶绿素含量较高，其次是免疫品种，而感病品种 H 的叶绿素含量一直低于抗病品种，尤其是高感品种。

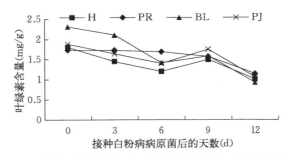

图 1-3-9 甜瓜不同品种接种白粉病病原菌后叶绿素含量的变化

3.2.9 甜瓜抗感品种脯氨酸含量的差异

发病后，4 个甜瓜品种游离脯氨酸含量均提高，其中 PJ 上升的幅度更大。虽然接菌后各品种游离脯氨酸含量都显著提高，但是抗病品种接种 6 d 后其含量却明显高于感病品种，感病品种 H 含量最低，其次是免疫品种 PR（图 1-3-10）。

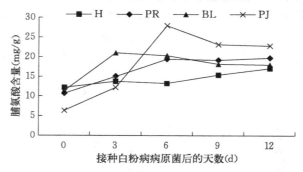

图 1-3-10　甜瓜不同品种接种白粉病病原菌后脯氨酸含量的变化

许多文献表明，植株感染病菌后，其体内游离脯氨酸含量的大量累积是植株抵御病毒侵染的一种防御反应，并且其增加幅度与抗性成正相关。出现这种情况，可能是由于氨基酸需经过降解才能转变成香豆素、木质素、胆碱、单宁酚类等物质，而抗病品种降解氨基酸的能力比感病品种低，因此体内游离脯氨酸的积累较高，也可能是因为游离脯氨酸的积累是甜瓜抗白粉病的机制之一，需进一步探讨。

3.2.10　甜瓜抗感品种总酚及类黄酮含量的差异

如图 1-3-11 和图 1-3-12 所示，总酚和类黄酮的含量随着病情的加重，含量也逐渐下降。接种 6 d 后达到最低值，PJ 和 PR 两个品种相近，接种前后的变化稍有差异，但 H 和 BL 品种两种物质的含量较大幅度地高于其他品种。

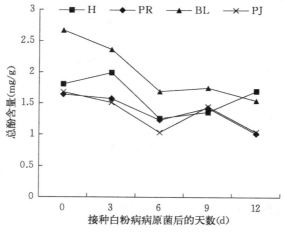

图 1-3-11　甜瓜不同品种接种白粉病病原菌后总酚含量的变化

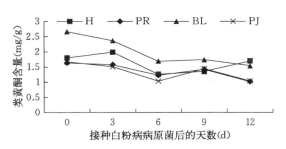

图 1 - 3 - 12 甜瓜不同品种接种白粉病病原菌后类黄酮含量的变化

3.3 讨论

据资料报道，过氧化物酶在木质素合成和酶类物质氧化过程中起重要作用，多酚氧化酶将酚类物质氧化成对病菌毒性更强的酮类物质，苯丙氨酸解氨酶是酚类物质等抗菌物质合成过程中最关键的酶之一，酚类物质（主要是二元酚）是植物保卫素、木质素合成的前体，它本身及其氧化产物酮对病菌都是有毒的。这类物质在植物体内的积累，对病菌都是不利的。辛建华等[48]对薄皮甜瓜和厚皮甜瓜功能叶片 POD 与 CAT 同工酶的分析表明，植株感染病毒后，POD 和 CAT 同工酶分子数目明显增多，还出现了新的谱带；尤其是 CAT 同工酶，病株出现了健株中未曾发现的 CAT2 谱带。可以认为，POD 和 CAT 同工酶可作为衡量甜瓜抗病毒的 1 个生化指标。而对黄瓜、西瓜经活菌（枯萎病、炭疽病）诱导处理后，其体内的过氧化物酶、多酚氧化酶、苯丙氨酸解氨酶活性都显著提高，体内的酚类物质和木质素含量均显著提高。可见，这几种酶在其他瓜类抗病表达中也是关键酶，其活性的高低与植物抗病反应强弱有十分密切的关系。

本章试验结果表明，抗感病品种在以上 4 种相关酶的活性方面有一定的差异，且与品种的抗病性呈正相关，但不同的品种有例外的表现；而白兰蜜的类黄酮和总酚含量较大幅度地高于其他品种，由此使得白兰蜜的抗病性好于黄河蜜 3 号；相关酶活性的高低一方面可能在抗病性上起到一定的作用，另一方面是植株叶片健康程度或受病原菌侵染程度的一项指标；而在可溶性蛋白、可溶性糖、脯氨酸、叶绿素含量等的变化或差异上未发现与抗、感病有相关的联系，有待于今后研究证实。

第四章 结构抗性研究

4.1 材料与方法

供试品种和供试菌株同第二章，取样方法为甜瓜幼苗第四片叶，用小剪刀切成 1 cm×1 cm 大小的切片材料。

4.1.1 石蜡切片的制作

参照方中达[102]的石蜡切片法，略有改动。具体步骤如下。

固定：用 FAA 固定液将植物组织杀死并固定，固定时间 1 h，4 ℃保存。

脱水：等级脱水，10％→30％→50％→70％→85％→95％→无水乙醇（3次），每级停留时间 20 min。

透明：一般步骤是 3/4 无水乙醇＋1/4 二甲苯→1/2 无水乙醇＋1/2 二甲苯→1/4 无水乙醇＋3/4 二甲苯→二甲苯（3次），每级停留时间 30 min。

浸蜡：整个浸蜡过程在恒温箱内进行。材料最后一次二甲苯透明后浸蜡，浸蜡用 1/2 二甲苯＋1/2 石蜡，然后置于烘箱过夜。第 2 d 将盖子打开，将温度调为 60 ℃，并加入纯石蜡 3 次，每次约 1 h。

包埋：将材料封埋在蜡块中，用硬纸折成纸盒。在纸盒两侧用铅笔标注材料及日期，然后将浸蜡瓶从温箱中取出并迅速倒入包埋盒中，再以两手平持纸盒，移至脸盆冷水中，在蜡面上慢慢吹气，促其凝结，待蜡面凝成薄层时，将纸盒全部沉入。

修块和切片：切片前，用单面刀片将小蜡块切成梯形，用切片机将蜡块切成连续的蜡带。切片时，先把切片刀夹在刀架上，再把修好的石蜡装在切片机的夹物台上。注意安装切刀的角度，刀口运行方向与材料切面平行，然后调整好所需厚度，本试验为 10 μm，转动切片机切片。切出一片接一片的蜡带，用毛笔轻托放在纸上。

展片与粘片：首先在洁净的载玻片上涂抹薄层蛋白甘油，再滴数滴蒸馏水于载玻片上。用小镊子夹取预先用刀片割开的蜡带（连续切片），放在水面上，蜡片光亮且平整的一面贴于载玻片上，并使之处于稍偏载玻片的一端，另一端贴标签。把载玻片置于烤箱展片台上，温度保持 60 ℃左右，最后用滤纸吸除多余水分。

脱蜡、染色、封片：先用二甲苯、乙醇溶液脱蜡；再用番茄固绿染色；最后在材料中央滴加 1 滴中性树胶，再将洁净盖玻片倾斜放下，封片后即制成永久性玻片标本，在显微镜下观察其结构。

4.1.2　叶片蜡质含量的测定

每个品种的新鲜叶片称重后，剪碎，放入 40 mL 的氯仿中浸泡 1 min，把溶液过滤到已知重量的烧杯中，在通风柜中使氯仿挥发完毕，再次称重，减去烧杯重量，可换算出蜡质含量（mg/g，鲜叶重）。每个品种重复 3 次，取平均值。

4.1.3　气孔数量测定的方法

用小镊子直接撕取叶片的下表皮，在载玻片上滴 1 滴水，将下表皮放在载玻片上，盖上盖玻片在 400 倍显微镜下观察，以 1 个视野为检测单位，每个品系检测 50 个视野，记录气孔的密度，测量气孔的大小[89、103]。

4.2　结果与分析

4.2.1　叶片蜡质含量之间的差异

叶片蜡质含量的测定结果显示（表 1-4-1），抗病品种和感病品种的叶片蜡质含量存在显著差异。接种后，抗病品种的蜡质含量均比感病品种高，9 d 后达到最高值。其中，PR 品种叶片蜡质含量最高，达 10.74 mg/g；其次，高抗病品种 PJ 蜡质含量为 7.47 mg/g；感病品种 H 和 BL 叶片蜡质含量分别为 4.08 mg/g 和 4.34 mg/g。接种前，抗病品种 PJ 和 PR 蜡质含量明显比感病品种 H 和 BL 高。研究表明，甜瓜叶片的蜡质含量与抗病性存在一定的相关性。

表 1-4-1　不同甜瓜品种叶片蜡质含量和方差分析

品种	天数（d）					平均值（mg/g）	方差分析
	0	3	6	9	12		
H	2.18	2.00	6.71	7.30	2.20	4.08	a A

（续）

品种	天数（d）					平均值（mg/g）	方差分析
	0	3	6	9	12		
PR	6.60	4.41	10.59	21.20	10.90	10.74	b B
PJ	3.90	3.80	9.09	13.79	6.79	7.47	c C
BL	1.79	1.40	6.39	6.80	5.30	4.34	d D
HCK	2.00	2.19	2.50	5.80	6.70	3.84	e E
PRCK	4.39	5.97	8.30	11.92	9.60	8.04	ef EF
PJCK	3.90	4.10	5.30	7.99	8.69	6.00	fg F
BLCK	1.40	3.88	2.10	5.59	6.80	3.95	g F

注：大写字母表示在1%水平上差异显著，小写字母表示在5%水平上差异显著。

4.2.2 甜瓜抗感品种叶片气孔数量的差异

在400倍显微镜下观察叶片气孔数量，抗病品种PR气孔平均有40.4个，感病品种H有21.6个，感病品种叶片气孔数量比抗病品种少18.8个（表1-4-2）。中抗品种和中感品种分别为26.6个、24.8个。平均气孔大小：免疫（PR）品种平均气孔大小为0.0061 mm²，感病（H）品种平均气孔大小为0.0090 mm²，中抗（PJ）和中感（BL）品种分别为0.0094 mm²和0.0101 mm²。抗感病品种叶片平均气孔大小有明显差异。

表1-4-2 不同甜瓜品种叶片气孔数量（400倍显微镜）

品种	气孔数量（个）					平均值（个）
	Ⅰ	Ⅱ	Ⅲ	Ⅳ	Ⅴ	
BL	24	23	21	33	23	24.8
PJ	28	25	26	27	27	26.6
H	23	22	19	23	21	21.6
PR	28	35	50	52	37	40.4

4.2.3 叶片结构的比较

4个甜瓜品种的叶片石蜡切片结构经显微观察显示（图1-4-1），PJ品种叶表皮细胞较小且细密，H品种叶表皮细胞大而疏松，PR品种海绵组织相对较厚，栅栏组织则是刚好相反，H和BL品种相对较厚，其他未发现规律性的特征。

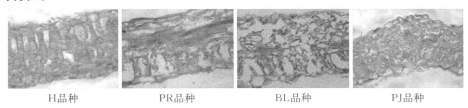

| H品种 | PR品种 | BL品种 | PJ品种 |

图 1-4-1 不同甜瓜品种叶片石蜡切片结构

4.3 讨论

本章试验研究表明,甜瓜的抗病性可能与结构有关。抗病品种与感病品种叶片的蜡质含量存在显著性差异,在幼苗 3 叶期接种后,抗病品种叶片的蜡质含量与感病品种的蜡质含量,经方差分析有明显差异,表明叶片蜡质含量与甜瓜白粉病的抗性之间密切相关,这与李海英[104]研究的一些真菌病害结果一致,由于白粉病病原菌是通过气孔侵染叶片,所以侵染后气孔的形态变化可能与抗病性有关。对比不同的抗感品种叶片结构的差异性,甜瓜抗白粉病可能与表皮细胞结构功能有关。经显微观察,抗病品种 PR 和 PJ 海绵组织比 H 和 B 品种厚,可能抗病品种叶片在结构上具备的特点对白粉病侵染起阻碍作用。PR 品种较小且细密的叶表皮细胞也可能与抗病性有关。根据以上结果可以看出,不同品种的抗病机制不同,结构抗性可能在高抗品种中起到重要作用,即两个抗病品种 PMR 5 和 Planters Jumbo 叶片蜡质的厚薄(含量)可能对抗病与否或抗病程度大小起着决定性的作用,白兰蜜和黄河蜜 3 号叶片蜡质含量相近。

同理,叶片蜡质含量均出现先降低后升高的趋势,在抗病上具有重要意义。甜瓜叶片本身具有的蜡质层是抵抗和延迟病菌接触、侵入的一个结构屏障,可作为衡量品种抗病性的参考指标。

第五章 结 论

通过甘肃省甜瓜主产区白粉病病原的采集与鉴定，系统研究了不同抗病品种、感病品种在接种病原菌前后叶片内的细胞防御相关酶活性、生理生化代谢物质动态变化、叶片结构和蜡质含量等。经分析总结，得出以下结论。

根据病原菌分生孢子特征和鉴别寄主抗感反应认为，甘肃省甜瓜主产区白粉病病原属于 *S. fuliginea* 的生理小种 1 和小种 2US。其中，小种 1 为优势生理小种。

细胞防御相关酶系中的 POD、PAL、SOD、CAT 活性在植株接种病原菌后有一定的变化规律。4 种酶的活性在接种病原菌后总体呈现先上升后下降的趋势，且抗病品种的平均值和增加幅度大于感病品种，即以上酶的活性与抗病性呈正相关，但也有例外的表现。较高的类黄酮和总酚含量在白兰蜜的抗病性上可能起到重要作用。

结构抗性与品种的抗病性有重要的相关性，两个抗病品种的叶片蜡质含量较大幅度地高于感病品种，可能在抗病性上起到主导作用；两个抗病品种的叶片气孔数量明显高于感病品种，可能是病菌侵染的天然屏障。

在可溶性蛋白、可溶性糖、脯氨酸、叶绿素含量等的变化或差异上，未发现与抗、感病有相关的联系。

参考文献

[1] Vakalounakis D J, Klironomou E, Papadakis A. Species spectrum, host range and distribution of powdery mildews on Cucurbitaceae in Crete [J]. Plant Pathology, 1994 (43): 813 - 818.

[2] 屈振淙. 长春地区黄瓜白粉病菌的鉴定 [J]. 吉林农业大学学报, 1981 (2): 32 - 34.

[3] 徐志豪, 寿伟林, 黄凯美, 等. 白粉病菌的生理小种及其对不同基因型甜瓜的致病性

（英文）［J］. 浙江农业学报，1999，11（5）：245-248.

［4］ 王娟，邓建新，宫国义，等. 甜瓜抗白粉病育种研究进展［J］. 中国瓜菜，2006（1）：
33-36.

［5］ James D M. Reactions of 20 melon cultigens to powdery mildew race 2US［C］. Cucurbitaceae，2002：72-77.

［6］ Hosoya K，Narisawa K，Pitrat M，et al. Race identification in powdery mildew（*Sphaerotheca fuliginea*）on melon（*Cucumis melo*）in Japan［J］. Plant Breeding，1999（118）：259-262.

［7］ Bertrand F. The AR Hale's Best Jumbo—a new differential melon variety for *Sphaerotheca fuligiueu* races in leaf disk tests［C］. Cucurbitaceae，2002：234-237.

［8］ James D M，Bohn G W，Kishaba A N. 'Pedigree' PI 414723 melon［J］. Report Cucurbit Genetics Cooperative，1992（15）：51-52.

［9］ James D M，Pitrat M，Thomas C E，et al. Powdery mildew resistance genes in muskmelon［J］. Journal of the American Society for Horticultural Science，1987，112（1）：156-160.

［10］ Anagnostou K，Jahn M，Perl-Treves R. Inheritance and linkage analysis of resistance to zucchini yellow mosaic virus，watermelon mosaic virus，papaya ringspot virus and powdery mildew in melon［J］. Enphytica，2000（116）：265-270.

［11］ 林德佩. 甜瓜基因及其育种利用（上）［J］. 长江蔬菜，1999（1）：32-34.

［12］ 林德佩. 甜瓜基因及其育种利用（下）［J］. 长江蔬菜，1999（2）：31-34.

［13］ Kenigsbuch D，Cohen Y. Inheritance and allelism of genes for resistance to races 1 and 2 of *Sphaetothecu fitliginea* in muskmelon［J］. Plant Disease，1992（76）：626-629.

［14］ 蔡竹固，童伯开，1992. 瓜类白粉病生态及防治策略［R］. 植保会刊.

［15］ Kristkova E，Lebeda A，Sedlakova B. Virulence of Czech cucurbit powdery mildew isolates on *Cucumis melo* genotypes MR-1 and PI 12411［J］. Scientia-Horticulturae，2004，99（3-4）：257-265.

［16］ 王建设，宋曙辉，孟淑春，等. 两个甜瓜品种对白粉病菌的抗性遗传分析［J］. 华北农学报，2003，18（2）：63-65.

［17］ Kenigsbuch D，Cohen Y. Independent inheritance of resistance to race 1 and race 2 of *Sphaetotheca fuliginea* in muskmelon［J］. Plant Disease，1989（73）：206-208.

［18］ James D M，Pitrat M，Thomas C E，et al. Powdery mildew resistance genes in muskmelon［J］. Journal of the American Society for Horticultural Science，1987，112（1）：156-160.

［19］ 冯东昕，李宝栋. 主要瓜类作物抗白粉病育种研究进展［J］. 中国蔬菜，1996（1）：55-59.

［20］ Perchepied L，Bardin M，Dogimont C，et al. Relationship between loci conferring downy mildew and powdery mildew resistance in melon assessed by quantitative trait loci mapping [J]. Phytopathology, 2005, 95 (5): 556 - 565.

[21] Flor H H. Host - parasite interaction in flax rust - its genetics and other implications [J]. Phytopathology, 1955, 45 (12): 680 - 685.

[22] Fridovich L. The biology of oxygen radicals—The superoxide is an agent of oxygen toxicity superoxide dismutase provide an important defence [J]. Science, 1978 (201): 875 - 880.

[23] 刘延琳, 张根文, 贺普超. 葡萄对霜霉病的抗病性机制 [J]. 葡萄栽培与酿酒, 1997 (2): 33 - 36.

[24] Vidhyasekarma P. Physiology of disease resistance in plant [J]. Boca Raton Florida CRS Press NC, 1988, 2 (2): 21 - 44.

[25] Anderson A J. Isolation from three species of colletotrichum of glucan containing polysac charides that elicit browning and phytoalexin production [J]. Physiology Biochemistry, 1978 (88): 189 - 196.

[26] Darvill A G, Slbershein P. Phytoalexins and their elicitors a defense against microbial infections in plant [J]. Ann. Rev. Plant. Physiol., 1984 (35): 243 - 264.

[27] 于孝如, 袁文焕. 条锈病菌侵染小麦不同时期过氧化物酶同工酶的变化 [J]. 西北农业大学学报, 1993, 2 (2): 27 - 30.

[28] 张宗申, 彭新湘, 姜子德, 等. 非生物诱抗剂草酸对黄瓜叶片中过氧化物酶的系统诱导作用 [J]. 植物病理学报, 1998, 28 (1): 145 - 150.

[29] Grisebach H. The Biochemistry of Plant [M]. Academic, New York.

[30] Van Huystee. R. B. Ann. Rev. Plant physiology [R]. 1987.

[31] H·惠勒. 植物病程 [M]. 沈崇尧, 译. 北京: 科学出版社, 1979.

[32] 丁九敏, 高洪斌. 黄瓜霜霉病抗性与叶片中生理生化物质含量关系的研究 [J]. 辽宁农业科学, 2005 (1): 11 - 13.

[33] 梁琼, 燕永亮. 不同玉米品种抗感粗缩病毒与防御酶活性的关系 [J]. 华中农业大学学报, 2003, 24 (2): 114 - 116.

[34] 周博如, 刘太国. 不同抗性的大豆品种感染细菌性疫病后 POD、PPO 变化的研究 [J]. 大豆科学, 2002, 21 (3): 183 - 186.

[35] 云兴福, 崔世茂. 黄瓜组织中几种酶活性与其对霜霉病抗性的关系 [J]. 华中农学报, 1995, 10 (1): 92 - 98.

[36] 郭玉硕. 不同年龄杉木抗炭疽病与一些酶活性及同工酶的关系 [J]. 福建林学院学报, 1992, 12 (4): 423 - 429.

[37] 徐毅. 杂交辣椒育种与高效益栽培 [M]. 南昌: 江西科学技术出版社, 1999.

[38] 李妙. 不同抗枯萎类型棉花品种超氧化物歧化酶和过氧化物酶活性研究 [J]. 华北农学报, 1993, 8 (增刊): 119 - 122.

[39] 李颖章，韩碧文. 黄姜病菌毒素诱导棉花愈伤组织中 POD、SOD 活性和 PR 蛋白的变化 [J]. 中国农业大学学报，2000，5 (3)：73 - 79.

[40] 田秀明，杜利锋. 棉花枯萎病的抗性与过氧化物酶活性的关系 [J]. 植物病理学报，1991，21 (2)：94 - 98.

[41] 李俊兰. 棉花感染黄萎病后叶片组织内生化特性分析 [J]. 华北农学报，1995，10 (增刊)：134 - 138.

[42] 辛建华，傅振清. 哈密瓜不同品系苗期抗病性及生化分析 [M]. 中国西瓜甜瓜，1997 (2)：13 - 17.

[43] Overeen J C, Threlfall D R. Biochemical aspect of plant parasite relationships [M]. Academic press，1976，134.

[44] Sada Y, Hachi T, Matsumoto I. Biosynthesis of lignin in Japanese radish root infected by downy mildew Fungus in biochemistry and cytology of plant - parasite interaction edomiyama [J]. Elesvier Sci. Comp. ，1976：200 - 212.

[45] 李华琴. 小麦抗白粉病生理生化特性的研究 II. 小麦感染白粉病后过氧化物酶及多酚氧化酶的变化 [J]. 贵州农业科学，1983 (2)：40 - 45.

[46] Kosuge T. The role of phenolics in host response to infection [J]. Ann. Rev. Phytopath. ，1969 (7)：195 - 222.

[47] 李淑菊，马德华. 黄瓜感染黑星病菌后的生理变化及抗病性的产生 [J]. 华北农学报，2003，18 (3)：74 - 77.

[48] 辛建华，傅振清. 苯丙氨酸解氨酶、多酚氧化酶与甜瓜抗枯萎病的关系 [J]. 石河子大学学报（自然科学版），1997，1 (1)：47 - 50.

[49] 黄凤莲. 湘研辣椒品种抗疫病筛选及抗性机制研究 [J]. 湖南农业大学学报，1999，25 (4)：303 - 308.

[50] 张晓葵，王宝仁. 水稻品种对稻细菌性条斑病菌的抗性与过氧化物酶、多酚氧化酶及酯酶同工酶的关系 [J]. 湖南农业科学，1994 (4)：39 - 40.

[51] 薛应龙. 植物抗病的物质代谢基础 [M]//余叔文. 植物生理与分子生物学. 北京：科学出版社，1992.

[52] 高鸣宁. 新疆甜瓜经疫霉菌毒素诱导后酶活性的变化 [J]. 植物生理学通讯，1998 (4)：256 - 258.

[53] 徐文联，曾艳. 植物诱导抗病基因工程 [J]. 生物学通报，1996，31 (1)：18 - 20.

[54] 南京农学院. 普通植物病理学（下）[M]. 北京：中国农业出版社，1996.

[55] 何晨阳，王金生. 抗病植物的防卫反应及机制 [J]. 生物学通报，1994，25 (5)：9 - 10.

[56] 薛应龙. 苯丙氨酸解氨酶在植物抗病中的作用 [M]. 北京：科学出版社，1984.

[57] Attrige T H, Smith H. Evidence for a pool of inactive phenylalanine ammonialyase in *Cucumis sativus* seedlings [J]. Phytochem. ，1973 (12)：569 - 574.

[58] Gamm E L, Towers G H N. Review article phenylalanine ammonia yase [J]. Phytochemistry,

1973 (12)：961 - 973.

[59] 杨家书. 植物苯丙氨酸类代谢与小麦对白粉病抗性的关系 [J]. 植物病理学报，1986，16 (3)：169 - 173.

[60] 许勇，王永健. 枯萎病菌诱导的结构抗性和相关酶活性的变化与西瓜枯萎病抗性的关系 [J]. 果树科学，2000，17 (2)：123 - 127.

[61] 曹赐生，肖用森. 杂交稻不同抗性组合感染白叶枯病菌后几种酶活性的变化 [J]. 杂交水稻，2001，16 (4)：5 - 7.

[62] Keppler L D, Baker C J. Initiated lipid peroxidation in a bacteria - induced hypersensitive reaction in tobacco cell suspensions [J]. Phytopathology, 1989 (79)：555.

[63] Chai H B, Doke N A. Tivation of the potential of potato leaf tissue to react hyper sensitive to *Phytophora infestans* cytospora germination fluid and the enhancement of this potential by calciumions [J]. Physiology Molecular Plant Pathology, 1987 (30)：27.

[64] Chigrin V V. Oxidative lipolytic and protective enzymes in the leaves of rust resistant and susceptible plants of wheat [J]. Fiziologiya Rastenil, 1988 (35)：1198 - 1208.

[65] Vance C P, Kirk T K, Sherwood R T. Lignification as a mechanism of disease resistance [J]. Ann. Rev. Phytopathol., 1980 (18)：259 - 288.

[66] 王雅平，刘伊强，施磊，等. 小麦对赤霉病抗性不同品种的 SOD 活性 [J]. 植物生理学报，1993 (19)：353 - 358.

[67] 沈其益. 棉花感染枯萎病后过氧化物同工酶的变化 [J]. 植物学报，1978，20 (2)：108 - 113.

[68] 桂美祥. 棉株感染枯萎病后的几种生理变化及其与抗病性的关系 [J]. 西北植物学报，1992，12 (3)：173 - 179.

[69] 葛秀春，宋凤鸣，郑重. 稻瘟病侵染后水稻幼苗活性氧的产生与抗病性的关系 [J]. 植物生理学报，2000，26 (3)：227 - 231.

[70] 张显，王鸣. 西瓜枯萎病抗病性机制的研究 [J]. 西北农业大学学报，1989，17 (4)：29 - 34.

[71] 朱友林，刘纪麟. 受玉米大斑病菌侵染后玉米抗感近等位基因 SOD 动态变化的研究 [J]. 植物病理学报，1996，26 (2)：133 - 137.

[72] Moreau R A, Osman S F. The properties of reducing agents released by treatment of *Solanum tuberosum* with elicitors from *Phytophthora infestans* [J]. Physiol. Moi. Plant Pathol., 1989 (35)：1 - 10.

[73] 李世东. 超氧化物歧化酶及其与植物的抗病性 [M]//董汉松. 植物诱导抗病性原理和研究. 北京：科学出版社，1995.

[74] 王惠哲，李淑菊，霍振荣，等. 黄瓜感染白粉病菌后的生理变化 [J]. 华北农学报，2006，21 (1)：105 - 109.

[75] 贾显禄，王振中，王平. 水稻与稻瘟病菌非亲和性互作中重要防御酶活性变化规律的

研究 [J]. 植物病理学报，2002 (32)：206 - 213.

[76] 郑翠明，滕冰，等. 不同种粒抗性大豆品种感染 SMV 后可溶性蛋白和游离氨基酸的研究 [J]. 植物病理学报，1998，28 (3)：22 - 31.

[77] 罗玉明，张晓燕，等. 大麦黄花叶病抗性机理的初步研究 [J]. 南京师范大学学报（自然科学版），2000，23 (4)：93 - 96.

[78] 李妙，裴宝琦，等. 病害胁迫下不同抗病性棉花品种（系）叶片组分内生化指标的差异比较 [J]. 中国农学通报，1993，9 (2)：28 - 31.

[79] 朱荷琴，宋晓轩，等. 棉花的抗氧化系统与其抗黄萎病的关系 [J]. 华北农学报，1995，10（增刊）：130 - 133.

[80] 代红军，邱永祥. 甘薯抗蔓割病生理生化机制的研究 [J]. 宁夏农林科技，2002 (2)：5 - 6.

[81] 周博如，李永镐，等. 不同抗性的大豆品种接种大豆细菌性疫病菌后可溶性蛋白、总糖含量变化的研究 [J]. 大豆科学，2000，19 (2)：111 - 114.

[82] Halliwell B. Chloroplast metabolism, the structure and function of chloroplasts in green leaf cells [M]. Oxford：Charendon Press，1981.

[83] 葛秀春，宋凤鸣，等. 膜脂过氧化与水稻对稻瘟病抗性的关系 [J]. 浙江大学学报（农业与生命科学版），2000，26 (3)：2542 - 2558.

[84] 江彤，杨建卿，等. 不同抗病性烟草罹黑胫病后几种酶的活性及丙二醛含量的变化 [J]. 安徽农业大学学报，2006，33 (2)：21 - 28.

[85] 王建明，张作刚，等. 枯萎病菌对西瓜不同抗感品种丙二醛含量及某些保护酶活性的影响 [J]. 植物病理学报，2001，31 (2)：152 - 156.

[86] 柯玉琴，潘廷国，等. 青枯菌侵染对烟草叶片 H_2O_2 代谢、叶绿素荧光参数的影响及其与抗病性的关系 [J]. 中国生态农业学报，2002，10 (2)：36 - 39.

[87] 余文英，潘廷国，等. 甘薯抗疮痂病的活性氧代谢研究 [J]. 河南科技大学学报（农学版），2003，23 (3)：1 - 6.

[88] 刘会宁，朱建强，等. 几个欧亚种葡萄品种对霜霉病的抗性鉴定 [J]. 上海农业学报，2001，17 (3)：646 - 647.

[89] 顾振芳，王卫青，等. 黄瓜对霜霉病的抗性与叶绿素含量、气孔密度的相关性 [J]. 上海交通大学学报（农业科学版），2004，22 (4)：381 - 384.

[90] 刘庆元，朱燕民，等. 黄瓜不同品种抗霜霉病机理的初步研究 [J]. 河南农学院学报，1984 (3)：56 - 59.

[91] Chinnusamy V，Jagendorf A，Zhu J K. Understanding and improving salt tolerance in Plants [J]. Crop Scienee，2005 (45)：437 - 448.

[92] Ashraf M，Foolad M R. Roles of glycine betaine and proline in improving plant abiotic stress resistance [J]. Environmental and Experimental Botany，2007，59 (2)：206 - 216.

[93] 杨辉，沈火林，张煌. 黄瓜花叶病毒诱导辣椒抗病性的生化变化研究 [J]. 西北农业

学报，2006，15（6）：221－224.

［94］陈志谊. 水稻纹枯病抗性机制的研究［J］. 中国农业科学，1996，25（4）：41－46.

［95］Martin M P，Juniper P E. Ultrastructure of lesions produced by *Cercospora beticola* in leaves of *Beta vulgaris*［J］. Plant Patho. ，1979（15）：13－26.

［96］王娟，宫国义，郭绍贵，等. 北京地区瓜类蔬菜白粉病菌生理小种分化的初步鉴定［J］. 中国蔬菜，2006（8）：7－9.

［97］Davis A R，Thomas C E，Levi A，et al. Watermelon resistance to powdery mildew race 1［J］. Cucurbitaceae，2002：192－198.

［98］包海清，许勇，杜永臣，等. 海南三亚地区葫芦科作物白粉病菌生理小种分化的鉴定［J］. 长江蔬菜，2008（1）：49－51.

［99］朱光廉，钟文海，张爱琴. 植物生理学实验［M］. 北京：北京大学出版社，1990.

［100］李合生. 植物生理生化实验原理和技术［M］. 北京：高等教育出版社，2000.

［101］邹奇. 植物生理实验指导［M］. 北京：中国农业出版社，2000.

［102］方中达. 植病研究方法［M］. 3版. 北京：中国农业出版社，1998.

［103］关军锋，张彦武，冯振斌，等. 山楂叶片气孔的研究Ⅰ：不同生物学因素和土壤条件下叶片的气孔特征［J］. 河北农业技术师范学院学报，1995，9（3）：6－9.

［104］李海英. 大豆灰斑病抗性机制的初步研究［D］. 哈尔滨：东北农业大学，1996.

第二篇　甜瓜性别相关基因遗传转化研究

第六章 文献综述

6.1 甜瓜再生体系的研究进展

以组织培养为手段进行的基因工程、抗性植物快速繁殖技术，为植物物种的培育开辟了新的途径，对一些难以有性繁殖的珍贵基因型，利用组织培养建立无性繁殖系，具有较高的经济价值。

植物组织培养在农杆菌介导法转化过程中起着重要的作用。在植物转基因过程中，主要是对植物外植体的细胞进行侵染，只有这些被侵染的细胞能正常生长，发育成完整的植株，才能获得抗性植株。在国内，张大力从甜瓜子叶愈伤组织诱导获得再生植株[1]；唐定台等从哈密瓜子叶愈伤组织诱导了再生植株[2]。1989 年，Dirks 等以甜瓜真叶和子叶为外植体，成功建立了 5 个甜瓜品种的再生体系[3]；同年，Niedz 等以幼龄甜瓜子叶为外植体，成功建立了 4 个厚皮甜瓜基因型的再生体系[4]；尹俊等、王建设等分别建立了伊丽莎白和河套蜜瓜 2 个主栽品种的再生体系[5-6]；蔡润等、陈千红等分别利用甜瓜的生长点、子叶、下胚轴为外植体进行离体培养，成功得到了再生植株[7-8]；肖守华等、师桂英等建立了黄河蜜甜瓜等厚皮甜瓜品种的高效再生体系[9-10]。此外，已经能够通过子叶、带芽茎段、真叶、胚轴、茎尖等多种外植体诱导出再生植株[11-15]。在国际上，已建立的甜瓜离体再生体系包括子叶、真叶、下胚轴、茎等[16-23]。

6.2 甜瓜离体再生的主要影响因素

6.2.1 基因型的限制

在甜瓜的离体培养过程中，许多相关研究认为，不同的基因型再生能力（潜力）存在显著差异，很多研究者都证明了这一观点[24-29]。陶兴林等选用西北地区 6 个厚皮甜瓜品种，分别为白兰瓜、西域一号、黄河蜜、玉金香、黄醉仙和绿宝石，用子叶近轴端的子叶块为外植体，在固体培养基 MS＋琼脂＋6－BA 1.0 mg/L 上进行再生植株诱导试验。结果表明，产生不定芽最高的是绿宝石，分化频率达到 100％；西域一号和黄河蜜次之，分别为 96.67％和 73.33％；玉金香和黄醉仙较低，分别为 33.33％和 16.67％[13]。

不同基因型之间产生不定芽的难易程度不同，在研究中发现，不同基因型的棉花，体细胞胚的诱导率差异显著，这可能是因为不同基因型的最适宜外界条件有差异[30-34]。

6.2.2　培养基

培养基可分为 4 类。一是富集元素平衡培养基，MS 培养基是该类的典型代表，其被广泛用于不同的培养体系[35]。在甜瓜离体培养过程中，大多采用 MS 培养基。二是低无机盐培养基，包括 White 培养基、WS 培养基等。三是中等无机盐含量的培养基，包括 H 培养基、Miller 培养基等。四是较高的硝酸钾含量的培养基，包括 B5、N6 培养基等。大多数植物细胞培养都选用 MS 培养基。例如，茄子在培养基中添加还原型氨基酸对诱导胚状体具有促进作用，硝态氮和氨态氮适宜比例为 2∶1[36]。

6.2.3　外植体

外植体的类型是影响植物再生的重要因素之一。在植物组织培养过程中，外植体来源于不同器官，如叶片等。在同样的培养条件下，植物不同的外植体类型反应也是不同的，如子叶节、胚轴、茎尖、茎段等对培养基成分、培养条件的要求也是不同的。截至目前，通过植物组织培养成功获得再生植株的外植体包括植物体叶片、茎段、茎尖、块茎、花药、子房、子叶、胚珠、内珠被、叶、根等。不同种类的植物对诱导条件反应是不同的，同一植物的不同器官对培养条件的反应也是不同的，有的部位分化频率较高，而有的部位却很难形成芽原基。草莓的花药、叶、花芽都能诱导出体细胞胚，但诱导率存在着显著差异。其中，花芽（61.74％）＞叶（49.24％）＞花药（8.11％）[37]。邓向东等研究了 S-24 和网纹香品种不定芽的诱导率为子叶柄＞子叶＞茎尖＞真叶，而胚轴和根不能诱导出不定芽[38]。因此，在植物组织培养过程中，选择合适的外植体部位，是直接决定植物再生成功的前提之一。同时，不同的生长时期也影响再生能力的强弱。

6.2.4 植物激素

植物激素是调节植物生长发育的重要物质，甜瓜的离体培养常以 MS 为基本培养基，通过添加不同种类激素适合的浓度，最终获得再生完整植株[29]，常用的激素种类有 ABA、GA$_3$、KT、IBA、IAA、2，4 - D、NAA、TDZ、6 - BA[39-40]。大量研究表明，细胞分裂素类激素对植物不定芽的分化起主要作用，生长素类激素则主要对根的分化起主要作用[41-44]。在甜瓜中，所使用激素的种类不同，愈伤组织诱导中也存在差别。普遍认为，细胞分裂素 6 -BA 是诱导甜瓜外植体不定芽必需的激素，而其对生长素类物质的需要，可能与甜瓜各品种中 IAA 含量不同有一定的关系[45-46]。

6.2.5 培养条件

在植物的形态建成中，光照、温度、湿度在整个发育过程中都起着重要作用，而且光照、温度可互作调节植物的生长发育，影响细胞的生长、分化、结构和功能的改变[47]。光对植物组织培养，也起着重要的调节作用，随着植物种类和基因型的不同而不同，同时也受其他培养条件的影响。

6.3 甜瓜离体再生过程中的生理生化变化

植物形态发生变化时，生理生化特性研究是揭开这一现象的一个重要方面，很多研究已经证实，形态建成的前提是植物生理生化的改变，其生理生化的差异导致了不同的形态发生，植物不定芽的形成是一个很复杂的现象。世界上所有需氧生物，都需依赖氧气才能维持正常的生命活动。然而，当生物体内活性氧浓度超过一定浓度时，对生物体也会产生毒害作用[48-52]。生物体在长期进化中，为了防止活性氧损伤，已形成了一定的抗逆机制，同样，在植物组织培养的不同阶段，这种抗氧化反应也是不断变化的[53-58]。近年来，很多报道植物的离体培养研究表明，不定根、愈伤组织、不定芽等的形态发生都与 POD、SOD、CAT、GPX、APX 有关[59]。在枸杞组织培养过程中发现，POD 活性逐渐上升，整个变化出现两个峰值，分别在分生细胞团形成时、芽形成阶段，达到最高峰[60]。庄东红等研究表明，大白菜子叶在组织培养过程中 POD 活性变化随着外植体的分化、不定芽的产生，POD 酶活性呈上升趋势[61]。崔凯荣等在研究枸杞体细胞胚发生过程中发现，SOD、POD、CAT 相互配合来调节胚性细胞的生长分化，这 3 种酶在枸杞胚胎发生与发育过程中都有不同的变化，变化情况与体细胞的伸长密切相关[62]。还有研究认为，体细胞胚发育是大量酶特异性合成及参与代谢的结果，在细胞发育中可以穿透细胞膜，可以减少对细胞的损害，体细胞胚胎的发育与超氧化物自由基的清除密切相关[63-66]。

将合欢、金莲花茎尖接入相应培养基上后，发现茎尖基部形成愈伤组织，而后愈伤组织分化出不定芽，培养前 12 d，迅速上升的是可溶性糖含量，伴随着不定芽的生长，可溶性糖含量开始缓慢下降[67]。这也说明了可溶性糖在不定芽发生过程中，起到的主要作用之一是提供碳源[68]。

植物形态发生的实质是受基因相互调控的，是基因之间按时空顺序表达的结果[69]。王亚馥等研究表明，在枸杞愈伤组织再分化形成不定芽时，上升的可溶性蛋白质含量为枸杞形态发生提供了必需的物质基础[60]。已有大量的研究表明，在植物体细胞胚胎发生过程中，可溶性蛋白质组分和含量发生改变。

植物内源激素是植物体内天然存在的一系列有机化合物，其含量高低影响着植物生命活动的整个过程，不同的植物种类和外植体都影响着内源因素的变化[70-71]。一些研究表明，内源生长素含量逐步降低、细胞分裂素含量逐步升高的过程是导致愈伤组织分化的主要原因。

刘涤等在研究烟草离体培养中发现，已分化出芽的愈伤组织中与未分化出芽的愈伤组织相比，内源生长素含量明显升高[72]；Le 等和王秀红等研究发现，在 NAA 和 6 - BA 两种激素作用下，水稻花药、幼胚和花穗都可以诱导愈伤组织完成芽的形态分化，在内源 NAA 含量增高时，其愈伤出苗率逐渐下降，内源 NAA 含量降低时，愈伤出苗率逐渐增高，而与内源细胞分裂素刚好相反，然而，外源植物激素必须通过对内源激素平衡的调节才发生作用[73-74]。水稻花药、幼胚和花穗在 NAA 和 6 - BA 作用下，可以诱导愈伤组织形成芽的形态分化，其愈伤出苗率与内源细胞分裂素存在正效应[75-76]。植株生长发育过程与植株内源激素和外源激素的种类、含量及配比等有密切的关系[77-79]，在国内，裴东等、邵继平、田春英等研究表明，内源激素对红富士苹果、菊花不定芽形成和分化起重要作用[80-82]；在研究杨属植物整个不定芽形成的过程中，内源激素 ABA 对不定芽的形成是有利的[83]。

6.4 甜瓜遗传转化方法的研究进展

遗传转化是指将外源基因通过直接、间接的方法导入植物体中，外源基因随机整合到植物体基因组中，并且能够稳定遗传。将目的基因转入某一植物中，通过观察植物形态和生理行为的变化来认识基因的功能，是目前应用最多、技术最成熟的基因功能研究方法。由于基因表达受转化效率和是否持续稳定表达两方面因素的影响，因此需慎重选择转化系统。

6.4.1　农杆菌介导组培法在遗传转化中的应用

农杆菌（Agrobacterium）是一种革兰氏阴性植物病原细菌，可以广泛侵染双子叶植物，能生活在植物根的表面，依靠由根组织渗透出来的营养物质生存的一类普遍存在于土壤中的细菌。据不完全统计，约有 93 属 643 种双子叶植物对农杆菌敏感。

有关甜瓜遗传转化的研究相对比较少，农杆菌介导法是双子叶植物遗传转化的主要方法。Yoshioka 等、孙严等利用根癌农杆菌介导法将黄瓜花叶病毒外壳蛋白基因（CMV-CP）成功地导入甜瓜植株中，获得了转基因植株，在 T_1 代植株抗病性鉴定中，结果表明，转基因植株对 CMV 具有较强的抗病性[84-85]；Fang 等将（ZYMV）CP 基因用农杆菌介导法转入甜瓜后，获得了抗性植株[86]；Gonsalves 等利用根癌农杆菌介导法，将黄瓜花叶病毒白叶株系（CMV-Wl）的外壳蛋白基因导入甜瓜品种中，获得的植株表现出抗性[87]；Clough 等、Fuchs 等将西瓜花叶病毒 2 号外壳蛋白基因用农杆菌介导法导入甜瓜，获得了转基因甜瓜株系[88-89]；薛宝娣等将 CMV-CP 基因导入美国甜瓜 Hales Best Jumbo 品种中，获得了抗病毒植株[90]；王慧中利用农杆菌转化和甜瓜组织培养相结合的方法将西瓜花叶病毒 2 号外壳蛋白基因（WMV-2CP）和西瓜花叶病毒 1 号外壳蛋白基因（WMV-1CP）分别转入甜瓜，获得了阳性甜瓜植株，转基因植株在田间表现出对 WMV-CP 具有很强的抗性[91]，该转基因植株在试验田发病程度很轻，进一步攻毒测试表明，转基因植株子代发病时间推迟、发病程度减轻，表现出对相关病毒有一定的抗性；姜瑛获得了 ACA 基因转化到甜瓜植株，发现对蚜虫密度有明显的抑制作用[92]；国内外对甜瓜遗传转化的研究多采用根癌农杆菌介导的方法转化，并进行了分子方面的检测[93-99]，近年来这方面的研究已取得了显著进展（表 2-6-1）。

表 2-6-1　农杆菌介导法转化甜瓜的研究

转基因方法	转化的甜瓜品种	外源基因	参考文献
农杆菌介导法	Hele's Best Junbo	NPTⅡ 基因	[100]
基因枪法	Prince Green Pear Ⅰ	GUS 基因	[84]

（续）

转基因方法	转化的甜瓜品种	外源基因	参考文献
农杆菌介导法	Hele's best Junbo	CMV-CP 基因	[87]
	Harvest Queen	GUS 基因	
	Hearts of Gold	NPT II 基因	
	Topmark		
农杆菌介导法	Don Louis	ZYMV-CP 基因	[88]
	Galleon	WMV2-CP 基因	
	Hiline	CMV-CP 基因	
农杆菌介导法	Vedrantais	ACC 氧化酶反义基因	[101]
	Pharo	NPT II 基因	
农杆菌介导法	Amarillo Canario	酵母奶盐基因	[102]
	Cucumis melo L. cv. Hetau	NPT II 基因	
农杆菌介导法	新红心脆、塞红、8501	ACC 合成酶反义基因	[103]
	Naud. cv. Gaucho		
农杆菌介导法	白兰 85-1	ACC 脱氨酶基因	[104]
农杆菌介导法	皇后、伽师瓜	几丁质酶基因	[105]
农杆菌介导法	皇后、红蜜脆	β-1,3-葡聚糖酶基因	[106]
	绿宝石	几丁质酶基因	
农杆菌介导法	甜瓜鲁厚甜 4 号	β-1,3-葡聚糖酶基因	[107]
农杆菌介导法	皇后	R-Fom-2 基因	[108]
农杆菌介导法	甘甜一号	CmMlo 基因	[109]
农杆菌介导法	Oriental melon	ZYMV 基因	[110]
农杆菌介导法	Oriental melon	Gus 基因	[111]
农杆菌介导法	F39、F141	ZYMV 基因	[112]

6.4.2 花粉管通道法在遗传转化中的应用

早在 1974 年，我国分子生物学家周光宇教授以国内广泛种植作物的远缘杂交为例，以田间试验作为依据，对其所发生的染色体水平以下的杂交现象，提出了 DNA 片段杂交假说。他认为，玉米稻应是水稻 DNA 和玉米片段的杂交结果，自发表《远缘杂交的分子基础——DNA 片段杂交假设的一个论证》一文开始，为我国利用花粉管通道导入外源 DNA 的转基因方法，奠定了理论基础，进一步研究自花授粉后外源 DNA（基因）导入植物的技术。在 20 世纪 80 年代初，就引起北美洲、欧洲和亚洲一些实验室的关注，这一技术已应用于小麦、水稻、豌豆、棉花、牧草等总 DNA 的导入研究。1987 年，Hess[113] 根据其所做的试验报道了花粉粒可以吸收外源 DNA，是该技术的最早萌芽。该方法具有以下优点：不需要组织培养、无菌环境等一整套人工组织培养过程所需的条件，对于不容易再生的植物，可以更加方便地导入外源基因；受体的限制比较小，开花植物都可以采用，只要了解植物授粉受精过程，就可采用该技术。该技术的不足之处在于转化机制尚未明确，同时也受到花期的限制，对于基因的整合机制还需要进一步证明。

据统计，外源 DNA 直接导入植物的技术已相继在近 30 种作物上获得成功[114]。1983 年，利用花粉管通道法，周光宇教授成功地将外源海岛棉 DNA 导入陆地棉，培育出了抗枯萎病的栽培品种，创立花粉管通道转基因的方法。2005 年，吉林农业大学关淑艳等利用花粉管通道法将淀粉分支酶基因反义表达载体转入玉米自交系，并获得了转化植株的种子[115]。2006 年，张慧英等将外源 DNA 导入甜玉米自交系，为今后玉米创造新的变异品系，提供可参考的理论依据[116]。丁国华等采用花粉管通道技术将抗赤星病烤烟 cv87 的总 DNA 导入感病烤烟中，得到了在株高、株型、叶形、生育期等方面的变异株，在抗病性和烟叶品质上获得了优良的植株[117]。Hao 等应用花粉管通道法，分别将 ACS1 和反义 ACO1 基因导入河套蜜瓜，经过逐年选育，获得的转 ACS1 基因植株果实在常温下，可储藏 30 d 以上，果实硬度基本保持不变，果实不过熟，也不霉变。而未转基因对照果实在 12 d 内就已经开始软化腐烂[118]。

6.4.3　茎尖法在植物遗传转化中的应用

6.4.3.1　茎尖法的创立与发展

茎来自维管植物胚轴的地上部分，有节和节间的分化，节上又着生叶和分枝。茎尖保持分生活力的原始细胞团为茎尖分生组织。高等植物发育的典型特征是从茎顶端分生组织连续地和重复地进行细胞的分裂分化，使茎不断延长、加粗，其侧面形成新的侧生器官叶和芽等，正因为在生命周期中器官不断形成，茎的顶端必须为能保持全能性的干细胞群。茎尖分化可以从 3 个水平来区分，即细胞的分裂、细胞的伸长和成熟、器官建成的出现等。

根据茎尖的解剖结构，Schmid 提出茎尖分化的原套-原体理论，其分生组织以两种方式划分，即原套-原体（图 2-6-1），茎顶端可明显地区分为两个主要部位，外面的一层至数层（2 层、3 层、4 层）细胞组成原套（原套是由许多明显的层次组成的，叶原基将由此发生），被原套包围的部分称为原体[119]。1943 年，Foster 将茎尖分为几个区，其中最活跃的就是分生组织区

（图 2-6-1 中的 2 层），茎尖分生组织在胚胎发生期开始形成，其后一直保持细胞的全能性，植物的全能性决定了茎尖能够再生茎尖，其依据如下：胚发育时可以再生茎尖，将一个茎尖用切割法使其与周围组织完全分开，结果羽扁豆或蕨类可以发育出新的原基[120]。这些结果证明，茎尖是一个自我决定的部位，茎尖分生组织具有自我形成和维护的能力，包括分生组织的形成与再生、保持与调控。

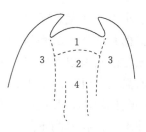

图 2-6-1　茎尖区域

6.4.3.2　茎尖法的遗传转化机制

1989 年，陈自觉教授在一个关于茄子遗传转化研究的报告中提到了一个现象：茄子萌发后，幼苗去掉头仍能从伤口处再生出新的植株。他提出，若能对植物的生长点成功地实施遗传转化，就能建立起不依赖于组织培养，甚至不受基因型限制的植物转基因技术这一观点。

植物茎尖的生长点是能发育成地上部分完整器官或组织的原始细胞群。因此，以植物茎尖生长点作为遗传转化受体材料时，可以有效地解决植物组织培养存在的基因型依赖、无菌条件的限制，而且一般也不受季节限制。例如，小麦茎尖生长点（图 2-6-2）一般是被 2~3 片未伸长的幼叶和胚芽鞘包围着，

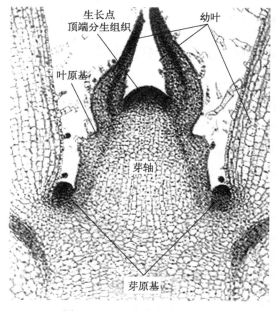

图 2-6-2　小麦茎尖生长点

未来的叶片、穗、茎等器官和组织都由其生长发育而成[121]。小麦茎尖生长点呈馒头状，是非常理想的转化受体材料，既可以用基因枪方法进行遗传转化，也可用农杆菌侵染法进行遗传转化。

目前，以茎尖为受体的遗传转化主要有农杆菌介导的转化法。但不同基因型的再生难易程度是农杆菌介导组织培养转化过程中主要的限制因素。另外，组织培养过程中要求的条件较高，组织培养周期较长也是影响该转化方法的主要原因；将茎尖外植体直接作为受体材料，与农杆菌介导的转化方法相结合，不仅可以解决植物组织培养过程中存在的问题，还可以大大省去烦琐的人工操作过程，也能获得更多的抗性转化植株。国内外很多学者都利用茎尖或茎尖分生组织结合农杆菌介导法，获得了转基因再生植株[122-129]。但茎尖法也有弊端，主要包括茎尖不定芽起源于多细胞、嵌合体比较多、后期筛选困难等。

6.5　植物性别的研究进展

植物性别的产生是地球上生命世界最重要的演化事件之一，在这个多姿多彩的高等动植物世界中，几乎都是以有性生殖繁衍后代。植物在漫长的进化过程中，随着植物的形态、结构和机能适应自然环境变化和发展，虽然人们目前还无法理解这一事件出现的原因，但很清楚其结果，即形成生命世界的多样性。

对植物花器官的研究，不仅可以使人们认识植物性型分化的发育机制，而且有利于进一步研究探索经济作物性别与产量之间的最终关系。植物性别的决定是植物生活周期中雄性器官、雌性器官或者由于细胞分化形成两个配子的发育过程[130]。至于究竟以怎样的形式发生，不同的植物也不尽相同。大部分开花植物的花都属于单性花或者两性花，单性花是由专门的器官发育成大孢子或小孢子，而两性花同时存在着雄蕊和雌蕊。植物就单性花来说，主要存在3种性别表现形式，包括单性雄花、两性花和单性雌花。就群体而言可分为两种类型：一类为多态性型，是指整个群体内个体间有不完全一致的性别表现；另一类为单一性型，是指整个群体内每一个体都表现出相同性型[131-132]。不同植物个体可分为8种类型：三性花同株植株（雄花、雌花、完全花着生在同一植株）、雌全同株（雌花、两性花着生在同一植株）、雄全同株（雄花、两性花着生在同一株）、雄花植株（整株只着生雄花）、雌花植株（整株只着生雌花）、雌雄单性同株植株（植株只着生雌花或雄花）、雌雄单性异株植株（雄花、雌花分别着生在不同的植株）和两性花植株（植株上只着生两性花）。

6.5.1 性别分化的生理生化研究进展

植物性别分化的形态学研究表明，大部分植物物种的单性花性别决定是由花器官原基的选择性诱导或者败育而引起的，在发育的起始，两种性器官原基均出现，花的发育先经过一个"两性花"时期，即单性花发育的初期。例如，黄瓜单性花的发育初期先要经过两性期，在以后的发育过程中，雄蕊原基或雌蕊原基发生败育而形成单性的雄花或雌花[133]。这是一个普遍的现象，无论是雄蕊还是雌蕊原基开始发育阶段，究竟是怎样来确定它们的发育阶段，这是人们一直关心的问题。不同的单性花植物中，由两性花向单性花分化的发育过程是相似的。但是，性器官的败育在不同种类中也有差异，在不同的植物发育时期，性别决定基因在不同的时期都起着重要作用。陈学好等研究表明，黄瓜雄花、雌花发育过程是不完全一致的，一般是雄花发育较快，雌花发育较慢，雌蕊原基在雄花中从一开始就发育停滞，在花粉母细胞时就已经退化，雄蕊原基在雌花刚开始发育时相当发达，雌蕊原基和雄蕊原基发育在相当长时间内是并行发育的，至大孢子四分体时期，雄蕊原基仍在继续发育，之后才逐渐停止[134]。李计红、王强等研究结果表明，甜瓜性别分化首先要经过一个两性发育阶段，两性期过后，花雄蕊体积迅速增大，雌花和两性花的花芽中心开始形成下位子房，这段时期是雌蕊、雄蕊最早出现差异形态的时期，可用于鉴定雌花、雄花、两性花的性别发育情况；在这个发育过程中，雌花、雄花从两性花期到产生大小孢子所需要的时间是不同的，雄花较短、雌花较长。在此基础上，依据不同直径花芽的显微结构观察及各个发育时期花芽的特征，对雌花、雄花、两性花的发育步骤进行了精细划分[135-136]。

6.5.2 性别决定相关基因研究进展

6.5.2.1 ABC 模型的研究

MADS 盒基因与植物花器官的发育遗传学研究，已在很多植物中取得了成果，如矮牵牛、金鱼草、拟南芥、一串红等植物。1991 年，Coen 等[137]总结了拟南芥中花器官特异基因在 4 轮结构（由外到内分别为雄蕊、雌蕊、花冠、花萼）中的表达，并提出了花发育的 ABC 模型。研究认为，控制花结构的基因按功能可划分为 3 大类（绝大多数为 *MADS* 盒基因），花 4 轮结构分别由 A 组、BC 组、AB 组和 C 组基因决定，A 组基因的功能是决定形成萼片的作用，A 组和 B 组基因共同决定形成花瓣，B 组和 C 组基因共同决定雄蕊发育，C 组基因单独决定心皮的发育。这一模型还提出了 A 组、C 组基因的功

能是互相抑制的，B 组基因功能仅限于花部的 2 轮、3 轮，而且不依赖于 A 组和 C 组基因功能[138]。早期研究性别决定基因主要集中于 ABC 同源异型基因模型[139-140]。从矮牵牛中分离的基因 FBP7 和 FBP11，进行转化后，该基因成功地诱导了转基因植株中心皮在花被器官中的异位表达，新近又于拟南芥中发现了 E 功能基因 SEPALLATA1/2/3[140-141]。Angenent[140] 在矮牵牛（Petuniahybrida Vilm.）中发现了控制胚珠发育新的 MADS 盒，从而提出了 AB-CD 模型。通过功能互补试验发现，矮牵牛中的基因 FBP2 为 E 功能相应基因。植物的生长发育进程中，从营养生长向生殖生长的转变是植物发育过程中的重大转折，在生殖生长开始阶段，存在决定花分生组织的基因，如拟南芥的 LEY（LEAFY）和 AP1（APETALA1），开始启动了花分生组织的发育。而在生殖生长后期，花器官原基的发育，主要由 3 类特异的同源异型基因决定，在拟南芥中为 AP1、AG（AGAMOUS）、（SQUAMOSA）、PLE（PLENA）、GLO（GLOBOSA）和 DEF（DEFICIENS）。这些同源异型的基因都属于 MADS 盒家族，除此之外，可能还存在大量的其他 MADS 盒基因，对这部分基因功能尚还不明确。

　　玉米一直是研究性别决定基因的模式植物，它的研究起始于性别突变体的分析[142-143]，Delong A 等第一次分离到玉米 Tassel seed - 2（Ts2）基因，Ts2 基因在 ABC 同源异型基因的下游发挥作用[142]。玉米也有很多突变体与 Tassel seed 的突变体的相关表型是一样的，如突变系 silkless（sk）就是其中之一[144]。在玉米雌花花序中 Ts2 对 sk1 有上位性，而在玉米雄花序中 sk1 抑制了 Ts2 的功能。研究表明，在雄穗中，基因 Ts2 实际上是参与了雌蕊的选择性败育相关的细胞凋亡过程，而基因 Ts2 的 mRNA 积累必须在基因 Ts1 存在的条件下才可以进行。由此可以推测，存在一个模型 Ts1 - Ts2 - sk 控制雌蕊发育的途径[145]。

6.5.2.2　黄瓜的性别决定基因

　　葫芦科植物花性型分化较为丰富，成为研究的模式植物之一，其主要集中在黄瓜、甜瓜、西瓜等植物。黄瓜相对其他植物基因组较小（约 367 Mbp/C），已经逐渐成为植物花发育分子生物学的一个全新的研究方向[146]。黄瓜性别分化由 F、M 和 A 等基因控制[147]，就 M 基因和 F 基因而言，基因型 M_ff 的植株是雌雄单性同株，基因型 M_F_ 是雌性株，基因型 mmF_ 型是两性株，基因型 mmff 是强雄性两性株。陈惠明等[148] 发现了两个新的基因 Mod - F1 和 Mod - F2，这与 F、M 基因独立遗传，可以增强 F 基因的表达。Terefe 等[149] 从黄瓜中克隆得到核糖差向异构酶基因的同源区段，长度为 416 bp 的 cDNA。2009 年，Li 等利用分离集群分组分析法（Bulked Segregant Analysis，BSA）

结合序列相关扩增多态性标记技术（Sequence-Related Amplified Polymorphism，SRAP），鉴定到 8 个与 M/m 基因连锁的分子标记[150]。同时，也证明之前被克隆的 F 基因（$CsACS1G$）编码产物与 M 基因编码产物相同，均具有 ACS 活性。陶倩怡等用药剂（AgNO₃ 和艾维激素）处理不同基因型黄瓜材料，结果发现，$CsACS2$ 基因的表达是内源乙烯的诱导[151]。

6.5.2.3 甜瓜性别分化的研究现状

（1）甜瓜花性型的研究进展。花作为植物的繁殖器官，是植物体的重要组成部分。在被子植物中，约 90％的种类具有完全花（两性花），其余的是雌雄异株和雌雄异花同株[152]。

自然生长的甜瓜植株上可以着生雄花、雌花和两性花。雌花、雄花可统称为单性花或不完全花，而两性花也可称为完全花。根据花在同一植株上着生情况的不同，分为雄花两性花同株（雄全同株）、雌花两性花同株（雌全同株）、雌雄同花同株（两性花株）、雌雄异花同株（单性花同株）、全雌性花株、三性花同株和雌雄异株等不同类型。目前，商业栽培的甜瓜绝大多数为雄全同株品种。雌雄异花同株（Monoecious），此种甜瓜植株主蔓上着生些雄花，一些雌花与雄花交替着生在侧枝；全雌株（Gynoecious）在植株主蔓和侧蔓上没有雄花，仅产生单性雌花；完全株（Hermaphroditic，又称为两性花株）整株全部为两性花；雄全株（Andromonoecious，又称为雄花两性花株）此种甜瓜植株主蔓上着生些雄花，一些雌花与雄花交替着生在侧枝上[153-154]。常见的 4 种甜瓜整株性型见图 2-6-3[155]。

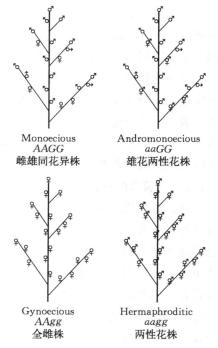

Monoecious
AAGG
雌雄同花异株

Andromonoecious
aaGG
雄花两性花株

Gynoecious
AAgg
全雌株

Hermaphroditic
aagg
两性花株

图 2-6-3　甜瓜中存在的 4 种主要的性别表型

（2）甜瓜性别分化的遗传基础。1928 年，Rosa 最早应用厚皮甜瓜开展性别遗传规律的研究，发现雌花对完全花呈显性，并受一对显性基因控制[156]。Poole 和 Grimball 利用一个来自河北保定的薄皮甜瓜样本［该品种每节都着生两性花（全两性系）］，与一个雌雄异花同株系杂交，后代分离出 4 种性型：9 株雌雄异花同株（AG）、3 株雄两性花同株（aG）、3 株雌两性花同株（Ag）、1 株全两性（ag）。由此表明，河北保定原产的全两性系甜瓜是由双隐性 a、g 基因控制；雌花两性花同株性型很不稳定，仍易再分离成雌两性同株（$A \_ ggMm$）、全雌株（$A \_ ggmm$）及三型混合株（$AaggMM$，雄花、雌花、两性花同株）[154]。研究结果表明，甜瓜性别分化受到微效基因的影响。此后，Wall 报道，雌雄异花同株的性别是由显性单基因 A 所决定的，它的等位隐性基因 a 控制着雄花两性花同株性型，在以上两种性型的 F_2 和 BC_1 代的比值充分支持了 Rosa 的结论[157]。但是，Rowe 利用雌性系与雌雄异花同株、完全花及雄全同株品系进行杂交，结果表明，除了 A 与 G 主效基因外，还存在微效基因与环境互作，与其他人研究结果一致[154-159]。1990 年，Kenigsbuch 和 Cohen 利用 WI‐998 分离群体中雌雄异花同株与完全花品系杂交，研究纯雌花在群体中的遗传，验证了早期的研究结果中 A、G 为主效基因的说法，并提出 M 的隐性基因（mm）与 $Aagg$ 互作，将出现稳定的纯雌株[160]。据 2005 年 Zalapa 报道，性别表达有 2 对或 3 对主效基因，A、G 或 M 控制甜瓜性别分化，同时存在微效基因与环境互作的影响，Zalapa 在研究甜瓜遗传图谱的构建过程中确定了 A、G 和 M（gy）3 个基因控制甜瓜的性别分化，提出存在微效基因与环境互作影响三性花株与雌全同株的转化[161]。2002 年，Pitrat 发表的甜瓜基因目录的结果表明，甜瓜的性别基因表达分化主要受 3 个位点（a、g、gy）等位基因协同控制：a 为隐性基因，表现控制雄全同株，主要对大多数的单性雄花起作用，少数为两性花；在基因型 $A \_$ 植株上，单性雌花表现无雄蕊，对 g 上位；基因型为 $A \_ gggygy$ 时，形成稳定全雌株，这种观点也是目前普遍的结论[162]。

2004 年，Soon 等使用 ms‐3×Mission 和 ms‐3×TAM Dulce 两个 F_2 群体，获得了与甜瓜雄性不育的 ms‐3 基因连锁的 RAPD 标记 OAM8.65。在 ms‐3× TAM Dulce 群体中，该标记与 ms‐3 基因连锁距离为 2.1 cM，在 ms‐3×Mission 群体中与 ms‐3 的连锁距离为 5.2 cM[163]。Silberstein 等利用 F_2 群体构建了一张包含 179 个标记、基因组覆盖达到了 1 421 cM 的甜瓜分子遗传图谱，并将控制种子颜色的基因（Wt‐2）、抗蚜虫基因（Vat）、雄全同株性型基因（a）、心皮数性状等基因定位在遗传图谱上[164]。张桂芬等以雄全同株和甜瓜雌雄异花同株近等基因系为材料，选用 300 条随机引物进行 RAPD 标记，结果表明，S152 号引物经多次试验重复均能扩增出稳定、有差异、清晰的 DNA 条带，在雄全同株的植株中，能扩增出差异条带的分子量约为 550 bp，标记为 S152550。在 F_2 代分离群体中，根据甜瓜植株在田间雌雄异花同株和雄全同株型植株各单株的表现计算，结果表明，该性型性状与特异标记的重组率

11%[165]。Noguera 等在 38 个双单倍体株系上得到一个与基因 a 连锁的 AFLP 标记，连锁距离为 3.3 cM。此外，利用 530 个株系的回交群体将得到的 SCAR 标记定位到了距 a 基因 5.5 cM 处[166]。

2004 年至今，东北农业大学西甜瓜分子育种研究室开展了甜瓜遗传多样性、甜瓜分子连锁图谱构建与基因定位、基因克隆与基因聚合育种等相关领域的研究[167]。选择美国雌性系厚皮甜瓜 WI-998 为母本，东北农业大学西甜瓜分子育种研究室特有雌雄异花同株薄皮甜瓜品系 3-2-2、美国甜瓜连锁图谱构建中通用的雄全同株品系 TopMark 为父本，配制了 WI-998×TopMark、WI-998×3-2-2、3-2-2×TopMark 3 套杂交组合，分别自交和回交，获得 F_2、F_3 及 BCP_1、BCP_2 共 6 个世代群体材料，进而配制 3 套重组自交系群体 F_2S_6。通过对 3 套 6 世代群体开花类型调查结果表明，甜瓜性别决定主要受 2 对主效基因控制，确定了甜瓜不同表现型的基因型，即基因型为 $A\_G\_$ 时，开花类型为雌雄异花同株；基因型为 A_gg 时，开花类型为纯雌株；基因型为 $aaG\_$ 时，开花类型为雄全同株；基因型为 $aagg$ 时，开花类型为雌全同株，上述研究与 Martin 等[155]的报道内容一致。利用 3-2-2×TopMark 杂交组合构建了一个甜瓜遗传连锁图谱，该图谱包括 70 个 SSR 标记、100 个 AFLP 标记及 1 个形态标记，图谱由 17 个连锁群构成，覆盖基因组总长度 1 222.9 cM，标记之间平均距离为 7.19 cM；10 个标记与 a 基因在同一连锁群上，该连锁群覆盖基因组长度 55.7 cM，找到与雌雄异花同株性状连锁的分子标记 MU 13328-3、E33M43-1，与 a 基因的遗传距离分别为 4.8 cM 和 6.0 cM[168-169]。刘威等研究结果显示，控制甜瓜性别表达的基因分别为雄全同株基因 a、纯雌系基因 gy、雌全同株基因 g，初步构建了一个包括 2 个形态学标记、31 个 SSR 标记的甜瓜遗传图谱，并发现了 2 个与性别表达基因相关的 SSR 分子标记，其中 MU 55491 与 a 基因的遗传距离为 13.5 cM，MU 147232 与 gy 基因的遗传距离为 11.6 cM[170]。高美玲等研究纯雌性状的遗传规律表明，纯雌株主要由 1 对隐性基因控制，与前人研究结果一致，利用重组自交系群体筛选到与纯雌性基因距离为 1.2 cM 的 1 个 SSR 标记，并将其定位在第 1 连锁群上[171]。Feng 等在 A 基因序列基础上开发了一个共显性标记，对纯雌性基因的精细定位有助于加快甜瓜纯雌系杂交种的选育进程[172]。

（3）甜瓜的性别决定基因。植物性型决定过程比较复杂，而单一基因位点控制花的发育为葫芦科作物所特有。其中，研究最为深入的是黄瓜、甜瓜。2008 年，Boualem 等[173]利用甜瓜遗传图谱上距离 a 基因 25.2 cM 的 RFLP 标记，通过染色体步移方法，明确了控制甜瓜性别分化雄全同株基因 a 为控制

ACC合成酶基因ACS7，并成功克隆了该基因；2009年，Martin等[155]研究报道了在甜瓜花芽分化第6阶段a、g基因表达量最高，还利用雌雄异花同株品系（单株上有雌花和雄花）和雌性系（单株全部为雌花）杂交，图位克隆得到了引起雄花向雌花过渡的基因位点，并鉴定出全雌系与一个基因家族的转座子插入有关，引起WIP1（G）基因启动子的甲基化。WIP1编码一个转录因子，阻止雌性器官发育。在雌性系中，WIP1基因的甲基化使WIP1基因表达沉默，形成雌花。另外，WIP1抑制直接导致了另一个基因活化，即ACS7基因，a基因编码一个乙烯合成酶基因ACS7，它阻止了雄性器官发育，形成单性的雌花。雄性器官因为WIP1的抑制和一个无功能ACS7基因的出现而形成。

（4）乙烯与甜瓜性别。早在1950年，乙烯的生物合成就已经成为研究热点。其中，最重要的突破是发现甲硫氨酸、S-腺苷甲硫氨酸和1-氨基环丙烷-1-羧酸为乙烯生物合成前体[174]。植物也可以高速合成乙烯（图2-6-4）。

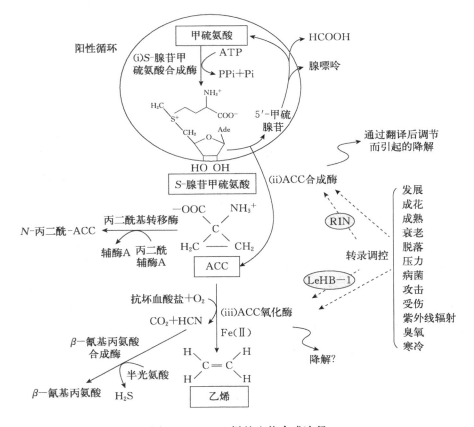

图2-6-4 乙烯的生物合成途径

研究表明，乙烯与黄瓜雌花形成密切相关[175-176]，乙烯对甜瓜雌花也有诱导作用[177]，内源乙烯能促进甜瓜雄全同株形成雌雄异花同株[178-179]。李晓明等研究表明，在甜瓜 3～4 叶期，喷洒 $100～200\,\mu L/L$ 乙烯利 2 次，可以在开花初期有效抑制母本两性花雄蕊发育，乙烯利处理存在一定有效期，有效期之后雄蕊恢复发育。随着乙烯利处理浓度增大，甜瓜 4 叶期生长点内源激素 IAA、GA_3 含量呈现下降趋势，植物生长调节剂除了通过调节内源激素的水平外，还参与影响瓜类性别分化[180-181]。

乙烯在植物生物合成中起着重要的作用，在 ACS 番茄中已发现 9 个 ACS 基因，分别为 *LeACS1A* 和 *LeACS1* 至 *LeACS8* [182-184]。研究表明，它们的表达特性不同。Nakatsuka 等[185]研究表明，由 *LeACS1A* 和 *LeACS3* 产生的乙烯可以有效地负调控 *LeACS6* 的表达。拟南芥中共有 9 条 ACS 基因[186]。Yamagami 等研究发现，拟南芥 ACS 基因在下胚轴、根、多种花器官、柱头以及角果剥离区中存在重叠表达现象[187]，用乙烯和生长素处理拟南芥，ACS 基因的表达差异明显，在根中，IAA 诱导 *AtACS2*、*AtACS4*、*AtACS5*、*AtACS6*、*AtACS8* 和 *AtACS11* 的表达，而 *AtACS1* 和 *AtACS9* 不能被诱导[188-189]。

现已报道甜瓜的乙烯合成酶基因有 4 个，即 *ACS1*、*ACS2*、*ACS3* 和 *ACS7*。而关于 *ACS7* 基因（*A/a* 基因），Boualem 等[173]利用图位克隆技术从甜瓜中克隆到单性花控制基因（*A*），命名为 *CmACS7*。研究表明，甜瓜 *CmACS7* 和黄瓜 *CsACS2* 的作用方式非常类似，氨基酸同源性高达 98%。*CmACS7* 在甜瓜单性（*AA*）/两性（*aa*）材料间表达量没有差异。甜瓜隐性 *a* 基因编码产物与显性 *A* 基因编码产物存在 Ala57Val 突变，保守性氨基酸结构域分析表明，该突变可能影响 ACC 合成酶基因 *CmACS7* 与底物 S－AdoMet 的结合。离体酶学试验表明，在生理条件下，该突变酶不能催化合成 ACC，但当其辅酶（PlP）浓度为生理浓度的 100 倍时，其催化活性恢复正常。

（5）其他植物生长物质与甜瓜性别的关系。研究已经证明，生长素（IAA）、萘乙酸（NAA）、玉米素（ZT）、脱落酸（ABA）、多胺（Polyamines）、油菜素内酯（BR）等对黄瓜有促雌性化作用[178-191]。而赤霉素（GA）有促雄性化作用，玉米赤霉烯酮（ZEN）等也与性别分化有关。赤霉素可能对玉米雌性发育尤为关键，其重要性甚至与性别决定基因相当[144]。

6.6 基因工程技术在甜瓜上的应用

甜瓜的基因工程研究开始于 20 世纪 80 年代末至 90 年代初，Fang 和

Grumet 利用根癌农杆菌介导改良株系 LBA4404 成功地将 *NPT* Ⅱ 基因（抗卡那霉素基因）导入甜瓜品种（Hales best Jumbo）中，获得了转基因植株[100]。至今，基因工程技术已经逐渐成为甜瓜遗传改良的一个重要技术手段。目前，已有很多关于甜瓜遗传转化的研究报道（表 2-6-1），但仍存在一些问题需解决，主要包括以下几点。

（1）在甜瓜中，截至目前，能分离鉴定到的目的基因仍然比较少，有很多控制重要农艺性状的基因还未分离。因此，导致新品种培育周期受到限制。

（2）对已克隆的基因，研究得还不够深入。对于数量性状来说，基因的表达时间难以控制。

（3）遗传转化频率低，基因型依赖大。

（4）基因转到受体后，随机性较大，难以控制，相关机制尚不清楚。植株后代遗传不稳定，操作方法不够简便。

总之，通过基因工程技术进行甜瓜品质改良，是甜瓜遗传育种新的起点。发掘和利用能改良甜瓜品质的外源基因，建立高效、简便的遗传转化技术，对于人们了解其在甜瓜生长发育过程中的功能，以及外源基因与品质特性的关系是至关重要的。

6.7　研究的目的意义

甜瓜（*Cucumis melo* L.）属于葫芦科（Cucurbitaceae）甜瓜属（*Cucumis*）蔓生草本植物，是夏令消暑瓜果，其营养价值可与西瓜媲美，抗坏血酸含量高，是一种深受人们喜爱的水果型蔬菜。

甜瓜性型复杂，包括 7 种不同的性型组合。生产上大多数薄皮、厚皮甜瓜的栽培品种都是雄全同株型（雄花、完全花同株），植株上既有单性的雄花又有两性花，其中能结果的是两性花。因两性花本身有雌蕊，同时也有雄蕊，在配制杂交种时，需人工去雄。杂交制种中常用的方法有人工去雄、化学杀雄、雄性不育系。但是，人工去雄容易损伤完全花中的雌蕊，造成授粉不良、坐果率下降，使制种成本增加，种子纯度也很难保证，给杂种一代（F$_1$ 代）生产带来极大不便。据统计，甜瓜 F$_1$ 代制种成本一般为常规品种的 12～30 倍。利用雌性系或雌雄异花同株品系授粉时，无需去雄，大大降低了杂交种的制种成本。化学杀雄缺乏人工选择性，容易影响植株的坐果率。通过以上几种方法配制杂交种时，周期较长，工作量大。因此，利用外源基因进行定向遗传改良是解决这一问题的有效方法。

本试验旨在建立一套高效、稳定的甜瓜遗传转化体系，通过农杆菌介导组培法、茎尖不定芽法、花粉管通道法，将甜瓜性别相关基因导入优良的甜瓜品系中，获得新的甜瓜种质资源，以期为甜瓜规模化转基因体系的建立、甜瓜性别相关基因的深入研究以及甜瓜性别特异材料的定向遗传改良奠定基础。

6.8　研究的内容和技术路线

6.8.1　研究的内容

本研究以建立甜瓜高效遗传转化体系和甜瓜性别相关基因克隆与功能验证为目的，选用组培法、花粉管通道法和茎尖不定芽法3种遗传转化体系，将 *CmACS3* 基因导入甜瓜品系中，从而确定甜瓜最优遗传转化体系。然后，根据甜瓜不同性型材料转录组测序结果，根据基因差异表达量，克隆甜瓜性别相关新基因，并进行功能验证。通过本研究，以期为甜瓜规模化转基因体系的建立、甜瓜性别相关基因的深入研究以及甜瓜性别特异材料的遗传改良奠定基础。

6.8.2　研究的技术路线

甜瓜性别相关基因遗传转化研究技术路线见图 2-6-5。

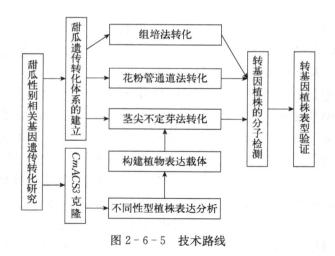

图 2-6-5　技术路线

第七章　材料和方法

7.1　甜瓜自交系再生体系的建立

7.1.1　试验材料

　　试验于 2010 年 9 月至 2011 年 1 月在东北农业大学西甜瓜分子育种研究室进行。供试甜瓜品系 M‑16、M‑15、M‑19、M‑23 均来自东北农业大学西甜瓜分子育种研究室，分别编号为品系 1、品系 2、品系 3、品系 4。

7.1.2　试验方法

　　甜瓜无菌苗的获得：取上述试验品系大小均一、籽粒饱满的甜瓜种子，温汤浸种 4～5 h，流水冲洗，在超净工作台上先用 75％酒精浸泡 1 min，然后用 0.1％ $HgCl_2$ 溶液浸泡 15 min，轻轻摇动几次，用无菌水冲洗 4 次，然后将种子分别平放于培养基 MS、1/2MS、1/4MS、1/8MS，水加琼脂中（其中，每升培养基含蔗糖 30 g，琼脂 7.5 g，pH 5.8）。28 ℃暗培养 1～2 d，然后至人工气候箱培养，培养条件为 25 ℃，黑暗 8 h/d，光照 16 h/d，光照度为 2 000 lx。

7.1.2.1　不定芽的诱导

　　取 4～5 d 2 片子叶脱离种皮、但未完全张开的甜瓜无菌苗，取 2 片子叶，切去上半部分（1/3～1/2），留取子叶近轴下半部分，将子叶节接种于不定芽诱导培养基中（表 2‑7‑1），每个处理 3 次重复，每次重复 10 个外植体。培养条件为 28 ℃暗培养 1～2 d，然后至人工气候箱培养，培养条件为 25 ℃，黑暗 8 h/d，光照 16 h/d，光照度为 2 000 lx。每 7～10 d 继代 1 次，30 d 后统计不定芽发生数目，计算再生频率和每个外植体再生芽数，公式如下。

　　再生频率＝分化外植体总数/外植体总数×100％

　　每个外植体再生芽数＝分化的芽数/外植体总数×100％

　　试验数据显著性差异分析采用 Duncan 新复级差法进行。

表 2-7-1　MS 基本培养基附加 6-BA 和 IAA 的 12 种组合

编号	培养基	附加的植物生长调节剂（mg/L）	
		6-BA	IAA
MS1	MS	0.5	0.0
MS2	MS	0.5	0.1
MS3	MS	0.5	0.5
MS4	MS	1.0	0
MS5	MS	1.0	0.1
MS6	MS	1.0	0.5
MS7	MS	1.5	0
MS8	MS	1.5	0.1
MS9	MS	1.5	0.5
MS10	MS	2.0	0
MS11	MS	2.0	0.1
MS12	MS	2.0	0.5

7.1.2.2　不定芽的伸长

以 M-23 甜瓜自交系为试材，从子叶节外植体上将诱导出的丛生芽切下，接种于伸长培养基：E0（MS）、E1（MS+0.01 mg/L 6-BA）、E2（MS+0.05 mg/L 6-BA）、E3（MS+0.10 mg/L 6-BA）、E4（MS+0.15 mg/L 6-BA），15 d 后统计芽的伸长情况。每个处理设 3 次重复，每次重复 8 个外植体。培养条件及数据处理方法同 7.1.2.1。用刀片将生长良好、生长健壮的组培苗从基部切下，转接到 1/2MS 上进行生根培养。

7.2　甜瓜再生过程中生理生化及内源激素的动态变化

7.2.1　试验材料

供试甜瓜品系同 7.1.1，编号为 1～4 号，种子由东北农业大学西甜瓜分子育种实验室提供。再生试验结果表明，2 号、4 号甜瓜为易再生品系，1 号、3 号甜瓜品系为不易再生品系。

7.2.2　试验方法

7.2.2.1　外植体离体诱导

取上述饱满、均一的甜瓜种子，处理方法、培养条件同 7.1.2，5 d 后切取子叶节接入诱导培养基 MS+6-BA 1.0 mg/L+IAA 0.05 mg/L，培养基蔗糖浓度为 30 g/L，琼脂浓度为 7.8 g/L，在培养箱中培养，观察并记录不定芽的诱导情况。

7.2.2.2　生理参数测定

分别准确称取 4 个甜瓜品系诱导 0 d、7 d（启动分化）、14 d（芽原基形成）、21 d（芽开始膨大）和 28 d（芽开始伸长）的新鲜外植体材料 0.2 g。液氮迅速冷冻，保存于 −80 ℃ 冰箱中备用。在取材过程中，为了保证取材均匀，将同一品系不同三角瓶中的试验材料取出放在一起，混合均匀后剪碎称样。酶液提取：在 4 ℃ 预冷的研钵中，先加入 1 mL PBS 缓冲液（pH 7.8）研磨，继续加入 PBS 缓冲液，使得最终添加量为 5 mL。10 000 r/min 离心 10 min，取上清液作为粗酶液冷藏于冰盒中，用于各生理指标的测定。试验重复 3 次，取其平均值。超氧化物歧化酶（SOD）活性测定采用 NBT 光化还原法。以 NBT 的光化学还原被 SOD 抑制 50% 时的酶用量为一个酶活性单位。过氧化物酶（POD）活性测定采用愈创木酚法。过氧化氢酶（CAT）活性的测定采用 240 nm 比色法[192、193]。

可溶性蛋白含量测定采用考马斯亮蓝 G−250 法，以牛血清蛋白做标准曲线，计算各样品的蛋白质浓度。叶绿素含量测定采用分光光度计比色法，以无水乙醇：丙酮＝1：1 的混合液浸提，遮光、间隔摇晃，24 h 后测定 649 nm、665 nm 与 470 nm 下的吸光值。MDA 含量测定采用硫代巴比妥酸（TBA）法，分别测定 532 nm、600 nm 与 450 nm 下的吸光值，从而计算 MDA 的含量[193]。内源激素的测定采用酶联免疫法，试剂盒由中国农业大学提供，方法如下。

（1）样品中激素的提取。

① 称取不同时期甜瓜组织培养的外植体材料 0.5 g 放入预冷的研钵中，加入提取液 2 mL，研磨成匀浆后，转入 5 mL 离心管中，用 2 mL 提取液分 2 次冲洗干净研钵，匀浆后在 4 ℃ 冰箱中提取 6 h，4 ℃、3 000 r/min，离心 8 min，收集沉淀后加 1 mL 提取液，在 4 ℃ 下冰箱中提取 1 h，然后取出离心（4 ℃、3 000 r/min，离心 8 min），取上清液并记录体积。

② 用上清液过固相萃取柱 C₁₈。

③ 将上述收集样品转入 5 mL 离心管中，用氮气吹干，用 1 mL 样品稀释液进行定容。

（2）测定。

① 竞争：加入抗体、标准物和待测样，在 37 ℃ 左右恒温箱中培育 0.5 h。

② 加入待测样及标样：取适量所给标样配成：最终配成 ZR、ABA、IAA 标准浓度，标准曲线的最大浓度为 100 ng/mL，其中 GA 的最大浓度 50 ng/mL。

然后，依次稀释 2 倍。前 2 行的 96 孔酶标板加入标准样，每 3 孔加同样浓度，每孔 50 μL，每个样品 3 次重复。

③ 将抗体加入 5 mL 样品稀释液中，每孔加入 50 μL 抗体，然后将酶标板放入恒温 37 ℃湿盒内开始培育。

④ 0.5 h 后，立刻将反应液在纸上甩干、拍净，要迅速甩掉洗涤液，共 4 次洗涤。

⑤ 加二抗。每个样品加酶标二抗 100 μL，混匀，然后将酶标板放入 37 ℃湿盒内，在恒温箱中开始培育 0.5 h。

⑥ 洗板。在纸上甩干、拍净，立即甩掉第一次加入的洗涤液，然后接着加，共 4 次洗涤。

⑦ 加底物显色反应。称取 10 mg 邻苯二胺（OPD）定溶于 10 mL 底物缓冲液中，溶解后加 4 μL 30% H_2O_2 匀浆，在酶标板中每孔中加 100 μL，然后放入 37 ℃湿盒内，当肉眼观察显色适当后，每孔立刻加入 50 μL 2 mol/L 硫酸终止反应。

⑧ 比色。测定标准物各样品和各浓度在酶联免疫分光光度计在 490 nm 的 OD 值。

⑨ 结果计算。采用 Logit 曲线，曲线的自然对数值表示激素标样各浓度（ng/mL）作为横坐标，纵坐标用各浓度显色值的 Logit 值表示。Logit 值计算方法如下。

$$\text{Logit }(B/B_0) = \ln \frac{B/B_0}{1 - B/B_0} = \ln \frac{B}{B_0 - B}$$

式中，B 表示其他浓度的显色值，B_0 表示每孔的显色值。

待检样品可根据其显色值的 Logit 值从标准曲线查出其所含激素浓度（ng/mL）的自然对数，再经过反对数即可知其激素的浓度（ng/mL）。求得样品中激素的浓度后，再计算样品中激素的含量（ng/g Fw）。

7.2.2.3 数据分析

试验测得的数据采用 Excel 2007 软件进行作图。每一指标的测定均重复 3 次，应用 DPS 软件对试验数据进行统计分析。

7.3 甜瓜组培遗传转化体系的建立

7.3.1 试验材料

7.3.1.1 植物材料

以东北农业大学西甜瓜分子育种实验室甜瓜品系 M-23 为试材，性型为雄全同株型，纯合自交系。

7.3.1.2　菌株与质粒

植物表达载体 pBI121（具体见附录 2 中的附图 6），含有目的基因 *CmACS7*，所含的抗性筛选标记基因为卡那霉素抗性基因 *NPT Ⅱ*（即新霉素磷酸转移酶基因，图 2-7-1），农杆菌 EHA105 由东北农业大学西甜瓜分子育种实验室保存。

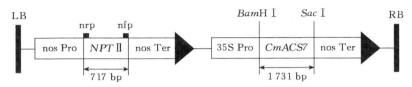

图 2-7-1　质粒图谱

7.3.1.3　常规试剂

Taq DNA 聚合酶、dNTP、RNaseA 等购自宝生物工程（大连）有限公司；DIG High Prime DNA labeling and Detection Starter Kit Ⅱ（Roche，Germany）购自罗氏公司，Southern blot 杂交主要试剂如下。

变性液：1.5 mol/L NaCl＋0.5 mol/L NaOH。

中和液：1 mol/L Tris-HCl＋1.5 mol/L NaCl pH 8.0。

洗膜液Ⅰ：2×SSC＋0.1％SDS。

洗膜液Ⅱ：0.1％SSC＋0.1％SDS。

洗膜液Ⅲ：吐温 20＋Maleic acid 溶液转移液：20×SSC（3 mol/L NaCl＋0.3 mol/L 柠檬酸钠 pH 7.0）。

7.3.1.4　抗生素的配制

卡那霉素、头孢霉素、利福平均为国产分析纯试剂，溶液的配制如下。

头孢霉素（Cef）：用无菌双蒸水配成 500 mg/mL 的母液，过滤灭菌后，−20 ℃保存。

利福平（Rif）：先用少量甲醇溶解，再用无菌蒸馏水配成 50 mg/mL 母液，过滤灭菌，−20 ℃遮光保存。

卡那霉素（Km）：用无菌双蒸水配成 100 mg/L 的母液，过滤灭菌后，−20 ℃保存。

7.3.1.5　植物培养基

依据再生体系建立试验得出的结果，确定出供遗传转化试验不同阶段适用的培养基类型。

（1）无菌苗获得培养基。1/8 MS＋1％蔗糖。

（2）预培养培养基。MS＋6 - BA 1.0 mg/L＋IAA 0.1 mg/L。

（3）共培养及不定芽培养基。MS＋6 - BA 1.0 mg/L＋IAA 0.1 mg/L。

（4）伸长培养基。MS＋6 - BA 1.0 mg/L，附加不同浓度的卡那霉素（Km）和头孢霉素（Cef）。

（5）生根培养基。1/2 MS，附加不同浓度的卡那霉素（Km）和头孢霉素（Cef）。

7.3.1.6　菌液培养基

（1）LB 培养基。称取蛋白胨 8 g、酵母粉 5 g、NaCl 8 g，加灭菌水至 800 mL。用 1 mol/L NaOH 调至 pH 7.5，定容至 1 L，高压湿热灭菌后待用。

（2）YEB 培养基。称取蛋白胨 5 g、酵母粉 1 g、$MgSO_4$ 0.5 g、蔗糖 4 g，加灭菌水至 800 mL。用 1 mol/L NaOH 调至 pH 7.5，然后用灭菌水定容至 1 L，高压湿热灭菌后待用。

7.3.2　试验方法

7.3.2.1　大肠杆菌感受态细胞的制备

（1）将准备好的大肠杆菌 DH5α 平板，37 ℃恒温箱培养后，挑取菌单菌落，接种于新鲜 LB 液体培养基中，37 ℃恒温振荡培养 12 h。

（2）吸取 600 μL 过夜培养的大肠杆菌菌液，加入 60 mL LB 液体培养基中，37 ℃恒温振荡培养 2～3 h，至 OD_{600} 为 0.5。

（3）将菌液冰浴 15 min，5 500 r/min 4 ℃离心 3 min 收集菌体后，用预冷的 0.18 mol/L $CaCl_2$ 悬浮菌体。

（4）将悬浮液冰浴 30 min，4 ℃、5 500 r/min 离心 3 min，收集沉淀，然后用预冷的 0.18 mol/L $CaCl_2$ 液体悬浮，在制备好的菌液中加入终浓度为 15％～20％的甘油，200 μL 每份分装，－80 ℃保存备用。

7.3.2.2　质粒 DNA 转化大肠杆菌

（1）取 200 μL 已制备好的大肠杆菌感受态细胞，加入质粒（含有 *CmACS7* 基因的 pBI121），混匀，冰浴 30 min；

（2）在水浴下 42 ℃热激 90 s，迅速冰浴 2 min。

（3）加入 800 μL LB 液体培养基，低速振荡 37 ℃下恢复培养 1 h 后，然后将菌液涂于含相应抗生素的固体培养基平板，恒温 37 ℃下静置培养 12 h 后，观察。

（4）挑取平板上长出的单菌落，接种于含有 50 mg/L Km 的 LB 液体培养液中，28 ℃振荡培养过夜；碱裂解法提取小量质粒，提取质粒方法如下。

① 取 1.5 mL 菌液于 EP 管中，4 000 r/min 离心 3 min，弃去上清液。

② 加 0.1 mL 溶液Ⅰ（1% 葡萄糖，50 mmol/L EDTA pH 8.0，25 mmol/L Tris - HCl pH 8.0）充分混合。

③ 加入 0.2 mL 溶液Ⅱ（0.2 mmol/L NaOH，1% SDS），轻轻上下颠倒混匀，置于冰浴 5 min。

④ 加入 0.2 mL 预冷溶液Ⅲ（5 mol/L KAc，pH 4.8），轻轻上下颠倒混匀，置于冰浴 5 min。

⑤ 以 10 000 r/min 离心 20 min，将上清液用移液枪吸至另一新 EP 管。

⑥ 加入相同体积的异戊醇，混匀后于 0 ℃静置 10 min。

⑦ 再以 10 000 r/min 离心 20 min，弃上清液。

⑧ 用 70% 乙醇 0.5 mL 洗涤 1 次，抽干液体。

⑨ 沉淀在通风橱中干燥后，溶于 0.05 mL TE 缓冲液中。

（5）提取大肠杆菌的质粒 DNA，以质粒 DNA 为模板进行 PCR 扩增及酶切鉴定转化成功与否。质粒的酶切：用 $SacⅠ$ 和 $BamHⅠ$ 质粒双酶切，37 ℃下酶切 1 h 后进行琼脂糖凝胶电泳检测。

酶反应体系：

质粒 DNA	5 μL
10×buffer	2 μL
RNase	1 μL
$BamHⅠ$	1 μL
$SacⅠ$	1 μL
ddH_2O	10 μL
终体积	20 μL

酶切后，直接加入 2 倍体积的无水乙醇、1/10 倍体积 3 mol/L NaAc，混合均匀，12 000 r/min 离心 20 min，70% 乙醇洗涤沉淀。晾干后，加入 30 μL ddH_2O 溶解，进行 1% 琼脂糖凝胶电泳，在紫外灯下观察结果。

7.3.2.3　农杆菌感受态细胞的制备

（1）挑取农杆菌 EHA105 的单菌落于 5 mL 含 Rif 50 mg/L 和 SM 50 mg/L 的液体培养基 YEB 中，28 ℃振荡过夜培养。

（2）取 500 μL 过夜培养菌液，加入含 Rif 50 mg/L 和 SM 50 mg/L 的 50 mL YEB 液体培养基中，28 ℃振荡培养至 OD_{600} 为 0.5。

（3）将菌液冰浴 30 min，5 000 r/min 离心 5 min，收集菌体。

（4）使用 1 mL 预冷的 20 mmol/L CaCl$_2$ 悬浮菌体，每份分装 200 μL 后，加甘油 0.6 mL，至液氮中速冻后存放于－80 ℃冰箱。

7.3.2.4　外源质粒 DNA 转化农杆菌

（1）从冰箱中取 200 μL 农杆菌感受态细胞，4 ℃溶化后，加入质粒 DNA 1 μg。

（2）至液氮中速冻，然后迅速 37 ℃水浴 6 min，取 1 mL 加入液体培养基 YEB，放入摇床慢速振荡 28 ℃培养 4 h。

（3）涂布于含有 50 mg/L Km 和 50 mg/L SM 的固体培养基 YEB 平板上，在 28 ℃培养 36 h。

（4）用牙签挑取长出的单菌落，接种于含有 50 mg/L Km、50 mg/L SM、50 mg/L Rif 的液体培养基 YEB 中，在摇床上 28 ℃振荡培养过夜。

（5）从培养过夜的菌液中提取质粒 DNA，进行 PCR 扩增，鉴定质粒是否已转化到农杆菌中。

7.3.2.5　农杆菌介导外植体转化程序

（1）农杆菌活化。挑取固体培养基平板上含目的基因质粒 pBI121 的单菌落，接种于 YEB 培养基（含 50 mg/L Km＋50 mg/ L SM＋50 mg/L Rif），摇床上 180 r/min 28 ℃振荡培养过夜。第 2 d 取上述培养液 1 mL，转移至新鲜培养基 YEB 中，28 ℃振荡培养后，收集菌体，用相同体积的 MS 培养基重新悬浮收集的菌体，用于下一步的侵染。

（2）侵染。外植体采用甜瓜幼苗的子叶节。外植体预培养 1 d 后，将其置于农杆菌重悬液中，不断摇动菌液，使农杆菌充分侵染外植体，浸泡 10 min 后用无菌滤纸吸干，转入预培养基中，在黑暗条件下 28 ℃共培养 2 d。

（3）Km 和 Cef 抗性筛选。侵染的子叶节分别接种于含有 Km 浓度为 0 mg/L、25 mg/L、50 mg/L、75 mg/L、100 mg/L、125 mg/L，Cef 浓度分别为 0 mg/L、200 mg/L、400 mg/L、500 mg/L、600 mg/L、700 mg/L 的培养基中。每个处理设 3 次重复，每次重复外植体 10 个。培养条件同再生体系的建立。30 d 后，观察并统计外植体的分化情况，统计方法和数据处理同 7.2.2.3。

（4）抗性苗的筛选。将共培养 2 d 的子叶节转入含 500 mg/L Cef 的不定芽诱导培养基上，培养 2 周后，将诱导产生的愈伤组织转入含 200 mg/L Cef 和 50 mg/L Km 的不定芽分化培养基上，培养条件同再生体系建立，培养过程中，每 3 周换 1 次新鲜培养基。当抗性芽生长到 2～3 cm 时，切下小芽转入含 50 mg /L Km 和 200 mg/L Cef 的生根培养基诱导抗性植株生根，以获得完整植株。

（5）再生苗的驯化和移栽。同再生体系的建立。

7.3.2.6　转基因植株的 PCR 检测

取具有卡那霉素抗性的甜瓜再生植株新鲜叶片，液氮研磨后采用 CTAB 法提取基因组 DNA，1%琼脂糖凝胶检测 DNA 质量[194]。利用目的基因特异引物进行 PCR 检测。能扩增出目的条带的植株，可初步鉴定为阳性植株，用于下一步试验。

引物序列如下：

5′TTCAACAAATCTTCAGTTCAATTTCTCTC3′；

5′AGAAAACAAGGATTTCTTTTTCTTTTTCCTCAG3′。

PCR 反应体系：

DNA	1 μL
10×PCR Buffer	5 μL
dNTP（10 mmol/L）	2 μL
上游引物（10 mmol/L）	2 μL
下游引物（10 mmol/L）	2 μL
Taq 酶（5U/μL）	3 μL
dd H₂O	35 μL
终体积	20 μL

PCR 反应程序：95 ℃预变性 7 min，95 ℃变性 50 s，57 ℃退火 30 s，72 ℃延伸 50 s，30 个循环。72 ℃延伸 7 min，PCR 产物用浓度为 0.8%琼脂糖凝胶进行电泳检测是否有目的条带。

7.3.2.7　Southern blot 杂交

（1）DIG‐DNA 标记探针的制备和效率检测。以质粒 DNA 为模板，对目的片段 *NPT Ⅱ* 基因（引物序列：F：5′GAGGCTATTCGGCTATGACT3′，R：5′AATCTCGTGATGGCAGGTTG3′）进行 PCR 扩增，取回收片段 DNA 1 μg，加灭菌 ddH₂O，补足终体积至 16 μL。沸水中变性 10 min，迅速置于冰浴中冷却（注意：要求完全变性）。取 4 μL DIG 引物加入变性 DNA 中，混匀并稍作离心，37 ℃培养 20 h。加入 2 μL 0.2 mol/L EDTA（pH 8.0），10 min 终止反应。探针效率检测的具体操作步骤见 DIG HighPrimer DNA Labeling and Detection Starter Kit Ⅱ 的说明书，对比探针与 control DNA 的亮度来计算探针的量。

（2）样品酶切及电泳。

酶切体系 400 μL：

DNA	15 μg
10×PCR Buffer	20 μL
限制性内切酶	20 μL
ddH$_2$O 补体积至	400 μL

经 12 h 酶切后，取 5 μL 进行电泳检测，在凝胶成像系统中观察酶切图片。

（3）电泳、变性、中和及平衡。用 1％琼脂糖凝胶电泳，上样量为 200 μL。先在 150 V 电压下预电泳 10 min，待点样孔样品完全迁移后，将电压调至 30 V，继续电泳 12 h。电泳结束后，将凝胶放入一个方瓷盘中，加变性液冲洗，然后加入中和液，在摇床中低速振荡 20 min，倒去中和液，结束后用 20×SSC 平衡 10 min。

（4）转膜。

① 在方瓷盘上方放一块玻璃板，加入 20×SSC 至玻璃板高度的一半，在浸润的玻璃板上铺上滤纸桥，滤纸两头均要没入 20×SSC 溶液中。

② 在玻璃板上铺 2 张滤纸，将凝胶左上角切去表示是正面的右上角，以确定顺序；将凝胶倒扣在滤纸上，用玻璃棒赶走凝胶与滤纸间的气泡，根据凝胶成像的图片，确定点样孔和样品顺序，切去多余凝胶。

③ 用剪刀剪一张大小与凝胶一致的尼龙膜，在 2×SSC 上浸润，然后铺在凝胶上。

④ 用塑料膜封住瓷盒，以防 20×SSC 蒸发。

⑤ 将尼龙膜上方铺 2 层同样大小的滤纸，然后放上吸水纸和 1 kg 重物，其间不断更换吸水纸。

⑥ 经 12 h 转膜后，将尼龙膜取出，用去无菌水漂洗 2 次，每次 6 min。

（5）预杂交。

① 取出探针（−20 ℃保存），68 ℃，水浴 10 min，马上转移至冰浴。

② 将尼龙膜放入杂交管中（正面向管心），加 3.0 mL 杂交液，置于杂交炉中，42 ℃、14 r/min，90 min。

③ 倒出预杂交液，再直接倒入探针，42 ℃、8～14 r/min，开始杂交。

（6）杂交。

① 杂交 24 h 后，将探针倒入离心管中。

② 洗净一平皿，用 2×SSC 0.1％SDS 漂洗尼龙膜，15 min。

③ 开杂交仪，将 68 ℃水浴预热的 0.5×SSC、0.1%SDS 倒入杂交管中。

④ 将漂洗后的尼龙膜放入杂交管中（正面向管心），68 ℃、14 r/min，杂交 15 min。

⑤ 取出尼龙膜，于 Washing buffer 里漂洗 10 min，温度设为 37 ℃。

⑥ 配制 Maleicacid buffer 3.5 mL＋blocing solution 0.5 mL；洗净杂交管，倒入较多的那份混合液，37 ℃，8～14 r/min，杂交 30 min。

⑦ 倒出杂交管内液体，在剩下的混合液中加入 0.5 μL Antlbody solution，混匀，37 ℃，杂交 30 min。

⑧ 取出尼龙膜，用 Washing buffer 漂洗 1 min，重复 1 次。

⑨ 最后用 Detecion buffer 平衡 10 min。

（7）显影和定影。将杂交膜平铺在杂交袋中，膜的正面朝上，均匀加上 0.5 mL CSPD 于杂交膜上，此时要防止杂交膜上产生气泡，用吸水纸吸取多余的液体，将膜压平整，在恒温箱中 37 ℃放置 10 min，然后在暗室中，用 X 光片做底片，将 X 光片放置在盖有杂交袋的杂交膜上，内外均加一层增感屏，然后在暗盒中曝光，曝光后再冲洗即可。

7.3.2.8 转基因甜瓜植株雌花率的调查

整枝方式采用双蔓整枝，主蔓 5 片叶时打顶，2～3 节后留 2 条子蔓，孙蔓 3～4 节摘心，雌花率观察以子蔓第 10 节以下所有侧枝上雌花数量占总开花数的百分比计算。

7.4 花粉管通道法的建立

7.4.1 试验材料

7.4.1.1 受体材料

甜瓜品系 M-23，由东北农业大学西甜瓜分子育种研究室提供，为纯合自交系。2011 年春季在东北农业大学园艺试验站大棚内进行试验。

7.4.1.2 供体材料

所用的菌液，质粒同 7.3.1.2，材料同 7.1。

7.4.2 试验方法

7.4.2.1 质粒提取

采用碱裂解法提取质粒 DNA，为了验证提取的质粒 DNA 是否含有目的基因，对质粒进行双酶切，方法如下。

用 Sac I 和 $BamH$ I 质粒双酶切。酶切反应体系如下：37 ℃下酶切 1 h 后进行琼脂糖凝胶电泳检测，具体同 7.3.2。酶切后，直接加入 2 倍体积的无水乙醇、1/10 倍体积 3 moL/L NaAc，混合均匀，12 000 r/min 离心 20 min，70％乙醇洗涤沉淀，晾干后，加入 30 μL ddH$_2$O 溶解，进行 1‰琼脂糖凝胶电泳，在紫外灯下观察。质粒外源基因的 PCR 验证，以质粒 DNA 为模板，引物序列：

F：5′ACTTTTCAACAAATCTTCAGTTCAATTTCTCTC3′；

R：5′ACTTCAGAAAACAAGGATTTCTTTTTCTTTTTCCTCAG3′。

PCR 反应体系及程序同 7.3.2.6。PCR 反应结束后进行 1‰琼脂糖凝胶电泳，在紫外灯下观察。

7.4.2.2 子房注射时间的确定及注射方法

子房注射时间的确定：选择甜瓜植株的盛花期，提前 1 d 下午，对将要开放的雌雄花进行套袋隔离处理，第 2 d 上午进行授粉。分别于授粉后 1 h、6 h、12 h、24 h 从子房上部切取花柱，用 FAA（40％甲醛：80％酒精：冰醋酸 = 1：8：1，体积比）固定，固定 24 h 后用清水短暂冲洗，将带花柱的子房用刀片纵切，软化（无水酒精：盐酸＝1：1）1～5 min，蒸馏水冲洗 1.5 h，水溶性苯胺兰染色 2～3 h，压片，用荧光显微镜观测并照相。

注射方法：将甜瓜品系 M - 23 播种于大棚，正常田间管理和整枝。选择甜瓜植株的盛花期，提前 1 d 下午，对将要开放的雌雄花进行套袋隔离处理，第 2 d 上午进行授粉，授粉后 24 h 切去柱头上端部分，并立即用微量注射器抽取 100 ng DNA 溶液，注射时针头要与花朵垂直。每朵花注射 1 次，导入 50 朵花。待果实成熟后采摘果实，按单果，做好标记，分别收集种子。

7.4.2.3 转化甜瓜植株种子卡那霉素致死浓度的筛选

选取饱满的 M - 23 种子 100 粒，28 ℃进行催芽试验。将种子置于培养皿中，放上滤纸，并加入 20 mL 含有不同浓度的卡那霉素溶液，设置梯度分别为 0 mg/L、100 mg/L、200 mg/L、300 mg/L、500 mg/L、1 000 mg/L、1 200 mg/L 进行初步筛选。从浸渍开始，一直到出苗 1 片真叶出现，都在抗生素中进行。7 d 后调查发芽、出苗情况。通过花粉管通道法收获果实，每颗果实中取出 20 粒种子，进行卡那霉素抗性筛选，未转化的甜瓜种子虽然能在培养皿上发芽，但待长出 2 片子叶后，便会逐渐黄化、死亡；而转基因植株能正常生长，并将正常生长、健壮的植株移栽定植到大棚中。

7.4.2.4 转化植株的检测

转基因的 PCR 检测（同 7.3.2.6）。

7.4.2.5　转基因甜瓜植株雌花率的观察

整枝方式采用双蔓整枝，主蔓 5 片叶时打顶，2~3 节后留 2 条子蔓，孙蔓 3~4 节摘心，雌花率观察以子蔓第 10 节以下所有侧枝上雌花数量占总开花数的百分比计算。

7.5　茎尖法转化体系的建立

7.5.1　试验材料

于 2011 年 3—12 月在东北农业大学园艺试验站温室和园艺学院西甜瓜分子实验室进行。

受体材料同 7.1，由东北农业大学西甜瓜分子育种实验室提供。载体和菌株选用的载体为 pBI121（含有 *CmACS7* 基因）载体（见附录 2 中的附图 6），农杆菌工程菌株为 EHA105。

主要试剂 SYBR ExScriptTM RT‑PCR Kit 购自 TaKaRa 公司。

农杆菌重悬液：MS：1/3MS＋6‑BA 1.5 mg/L＋0.5‰ Silwet‑77。

芽诱导液：MS1：1/2MS＋6‑BA 1.0 mg/L＋0.5‰ Silwet‑77。

7.5.2　试验方法

7.5.2.1　甜瓜叶片的敏感性试验

选取甜瓜品系 M‑23 的 100 粒饱满种子，在 55~60 ℃水中浸泡，并不断用玻璃棒搅拌至水温为室温，浸泡 12 h，然后播种到营养钵中。待出芽 2 d 后，子叶未展开前，用刀片小心去除顶芽及侧芽，轻轻划 3~5 道伤口（保持子叶尽量合拢）。对长出的真叶分别编号，然后进行涂抹 Km，同时设对照。Km＋0.05％ Silwet‑77，8 个 Km 梯度浓度分别为 0 mg/L、1 000 mg/L、2 000 mg/L、3 000 mg/L、4 000 mg/L、5 000 mg/L、6 000 mg/L、8 000 mg/L。对分化后伸长的叶进行涂抹，用毛笔刷均匀涂抹到甜瓜相应的叶片上，每 20 株涂抹同样浓度的抗生素，每天 1 次，连续涂抹 3 d，从最后一次涂抹起到第 8 d 时，观察并记录甜瓜叶片的黄化程度。将对 Km 处理的甜瓜叶片黄化程度划分为 6 个等级。

1 级：与对照的甜瓜叶片相比，叶片无明显变化；

2 级：叶色变浅，叶片上出现斑点；

3 级：叶片无明显变化，叶片上有黄色斑点；

4 级：叶片上表现枯斑症状，且枯斑的面积不超过整个叶片的一半；

5 级：叶柄正常生长，叶片面积一半以上干枯褶皱；

6 级：整个叶柄及叶片全部干枯。

甜瓜叶片本身对卡那霉素具备一定的抗性，在以上 6 个等级中，叶片处在 1 级、2 级的处理，可能未完全消除甜瓜叶片自身对卡那霉素的抗性，在转基因植株中，可能会增加假阳性数量，从而影响筛选的效果。叶片反应在 3 级以上的处理，能消除甜瓜叶片自身对卡那霉素的抗性，因此可以作为卡那霉素起始筛选的标准，计算结果最后以 3 级叶片数占总处理株数的百分数接近 0 的处理浓度为最佳浓度。

7.5.2.2 受体材料的准备

选取甜瓜品系 M‑23 的 100 粒饱满种子，在 55～60 ℃水中浸泡，并不断用玻璃棒搅拌至水温为室温，浸泡 12 h，然后将种子播到营养钵中，待 2 d 后，子叶未展开前，用刀片小心去除顶芽及侧芽，轻轻划 3～5 道伤口（保持子叶尽量合拢），作为侵染受体。并划伤口，滴加诱导液，诱导液浓度为 0.5 mg/L、1 mg/L、1.5 mg/L、2 mg/L、2.5 mg/L。农杆菌侵染，农杆菌培养至 OD_{600} 为 0.6 时，用 MS 重悬，并含 0.5‰ Silwet‑77，每天滴加诱导液。受体材料准备同上，进行暗培养 2 d 后，然后见光培养。将制备好的侵染液慢慢滴入伤口，保湿培养，第 2 d 按照上述方法重复滴加 1 次，诱导茎尖不定芽的分化，直到甜瓜茎尖生长点分化处膨大出不定芽为止。

7.5.2.3 不同基因型分化率的比较

选取 4 个不同基因型的甜瓜品系 M‑23、WQ、M‑76、M‑19，每个品系选取 50 粒饱满种子，受体材料的准备同 7.5.2.2。

7.5.2.4 转基因植株的鉴定

DNA 提取、PCR 检测、Southern blot 同 7.3.2.6、7.3.2.7。

7.5.2.5 转基因的形态观察

转化植株收获的种子播种于营养钵中，幼苗长至 3 片真叶时，取样，进行 PCR 检测，对于 PCR 检测呈阳性的植株移入盆中，于温室中培养。甜瓜整枝方式用双蔓整枝，主蔓 5 片叶时打顶，在 2～3 节后留 2 条子蔓，孙蔓 3～4 节摘心，雌花率观察以子蔓第 10 节以下所有侧枝上雌花的数量占总开花数的百分比计算。

7.6 甜瓜性别相关基因的克隆及功能验证

7.6.1 试验材料

雌雄异花同株 M‑47 由东北农业大学西甜瓜分子育种实验室提供，幼苗长至 2 叶 1 心时，取其心叶，用液氮速冻后于－80 ℃冰箱保存，特异引物由生工生物工程（上海）股份有限公司合成，DNA 分子量标准购自北京全式金生物技术股份有限公司，pGEM－Teasy 及 T4 连接酶、胶回收试剂盒购自TaKaRa 公司；质粒提取试剂盒购自天根生化科技（北京）有限公司，其余常规试剂均为国产，大肠杆菌 DH5α 为东北农业大学西甜瓜分子育种实验室保存，－80 ℃冰箱备用。

7.6.2　试验方法

7.6.2.1　基因同源扩增

（1）所有引物序列由生工生物工程（上海）股份有限公司合成。根据转录组测序结果，选择差异表达量 EST 片段为探针，在 NCBI 数据库获得同源序列，采用 Primer Premier 5.0 软件设计 1 对同源扩增引物及基因表达引物序列（1 895 bp）。

F：（5′－3′）：GATCCACAGCCTACTGATGATC；

R：（5′－3′）：AAGCCACTACTAATCCCACAAT。

荧光定量引物（300 bp）：

F：RT1（5′－3′）：GGCGGCTGCTACTAAAATGTCT；

R：RT2（5′－3′）：CAACCCAGCATTACTCTCCAAAC。

内参基因 $M-actin$ 引物序列（250 bp）：

F：（5′－3′）GAAGCACCACTCAACCC；

R：（5′－3′）TCCGACCACTGGCATA。

用于扩增 NPTT 基因的引物序列（304 bp）：

F：（5′－3′）GAGGCTATTCGGCTATGACT；

R：（5′－3′）AATCTCGTGATGGCAGGTTG。

（2）甜瓜总 RNA 的分离及检测。

① 将雌雄异花植株叶片在液氮中磨成粉末后，加入 1 mL Trizol 液氮下迅速匀浆 5 s。

② 匀浆后，室温放置 5 min，4 ℃、12 000 r/min 离心 10 min。

③ 取上清液于无菌的离心管中，然后加入 0.2 mL 氯仿，盖紧离心管，用手剧烈摇荡离心管 15 s。

④ 吸取上层水相于新的离心管中，加入 0.5 mL 异丙醇，室温放置 10 min，12 000 r/min 离心 10 min。

⑤ 弃去上清液，加入 1 mL 75％乙醇，涡旋混匀，4 ℃下 7 500 r/min 离心

5 min。

⑥ 弃去上清液，然后室温干燥 5～10 min。将 RNA 溶于 RNase‐free 水中。用紫外分光光度计测定 OD 值，并通过 RNA 凝胶电泳检测 RNA 的质量。检测 RNA 质量合格后，进行反转录反应合成 cDNA。

（3）第一链 cDNA 的合成。

① 向灭过菌的 0.5 mL 离心管中加入：

RNA	2 μg
Oligo dT	1 μg
dNTP Mixture	1 μL
RNase Free H$_2$O	14 μL

② PCR 仪预热到 65 ℃，保持 5 min，然后置于冰上。

③ 在上述 PCR 管中，加入以下反转录反应液：

5×first‐strand Buffer	14 μL
M‐MuL V Reverse Transcriptase	1 μL
RNase Inhibitor	1 μL
RNase Free H$_2$O	4 μL
Total	20 μL

④ 在 PCR 仪上，按以下条件进行反转录反应：

30 ℃	10 min
42 ℃	50 min
95 ℃	5 min

⑤ 将双链 cDNA 放在－20 ℃保存备用。

（4）基因扩增，PCR 的反应体系是 25 μL，cDNA 模板 2 μL，10×PCR 缓冲溶液（2 μL dNTP，Taq 酶 0.5 μL，引物各 1 μL），加 ddH$_2$O 至总体积为 25 μL。PCR 反应的程序：

94 ℃	5 min
94 ℃	40 s
56 ℃	45 s
72 ℃	8 min

35 个循环。PCR 产物用 DNA 凝胶回收试剂盒回收。取 5 μL 回收 DNA 电泳检测。回收产物的连接转化插入 pGEM‐Teasy 载体，连接体系（10 μL）如下：

DNA 回收产物 3 μL、pGEMTeasy 载体 0.5 μL，连接酶 1 μL、ddH$_2$O 5.5 μL，4 ℃ 过夜连接。接着转化大肠杆菌感受态，进行蓝白斑筛选阳性克隆，具体方法如下。

① 筛选平板的准备：将配制好的固体 LB 培养基完全熔化后，在超净工作台上加入 15 μL 氨苄霉素（Ampicillin，Amp），稍混匀，倒于已灭菌的平板中，冷却、凝固。然后涂上 IPTG 和 X-gal，涂布棒涂匀，晾干后使用。

② 从−80 ℃冰箱中取感受态细胞 200 μL，置于冰上使其解冻。

③ 向溶化后的感受态细胞中加入制备好的连接产物，轻轻摇匀，冰上放置 30 min。

④ 42 ℃水浴中热击 100 s，热击后立刻置于冰上，冷却 3～5 min。

⑤ 向 Ep 管中加入 1 mL LB 液体培养基（不含 Amp），混匀后 37 ℃振荡培养 1 h。

⑥ 3 000r/min 离心 1 min。

⑦ 将离心后的菌液约 100 μL，摇匀后均匀涂布抹于含 Amp 的筛选平板上，正面向上放置 40 min，培养基完全吸收后倒置培养皿，37 ℃培养 8～12 h。然后挑取阳性克隆，扩大培养，碱裂解法抽提质粒，将含有重组质粒的大肠杆菌菌液送到华大基因测序。

7.6.2.2 *CmACS3* 基因的生物信息学分析

序列相似性搜索采用 Blast 程序，在线寻找 cDNA 的开放读码框（http：//ncbi. ulm. nih. gov，ORFfinder）；采用 NCBI 数据库进行同源性搜索；采用 SWISS-MODEL 服务器进行蛋白质二级结构分析。

7.6.2.3 *CmACS3* 基因不同性型植株部位的表达特性的分析

试验材料由东北农业大学西甜瓜分子育种实验室提供，甜瓜幼苗长至 2 叶 1 心时，采集雄全同株 M-31、全雌株 M-65、雌雄异花同株 M-47、完全花株 M-41 的根、茎、叶，提取 RNA，反转录 cDNA，进行 Real-time PCR 分析。植物总 RNA 的提取同 7.6.2.1；其他按 TOYOBO 说明书进行操作。样本和内参分别设 3 个重复，以 *actin* 为内参。反应体系如下。

SYBR Green Real time PCR Master Mix	25 μL
solution	5 μL
RT1	2 μL
RT2	2 μL
样品溶液	5 μL
ddH$_2$O	11 μL

总体积   50 μL

反应程序如下：95 ℃预变性 15 s，56 ℃退火 45 s，72 ℃延伸 10 s，33 个循环。

7.6.2.4　植物表达载体构建方法

用 PCR 扩增 CmACS3 基因 CDs 区并根据载体的酶切位点在该片段的两端分别添加 BamH Ⅰ和 Sac Ⅰ酶切位点，通过引物对（5′- ccgctcGCTACCTTAGCAG-CACAACT，gagcggCCCCAAATATGGATGATGAGTA - 3′）CmACS3 基因的 ORF 两侧设计酶切位点（BamH Ⅰ和 Sac Ⅰ）以及适当消除终止子连接到克隆载体中，将该片段通过 BamH Ⅰ和 Sac Ⅰ双酶切后插入 pBI121 载体中，得到植物基因 CmACS3 的表达载体。然后转化到大肠杆菌 DH5α 菌液中，均匀涂抹在含 Km 50 mg/L 的固体 LB 培养基平板上，于 37 ℃倒置培养 24 h。从平板上挑取生长良好的阳性菌落单克隆，经 PCR 检测和测序验证后，得到载有 CmACS3 ORF 的重组子 pBI121 的真阳性单克隆 DH5α 菌，扩繁培养后进行质粒提取，提取阳性克隆的质粒转化农杆菌菌株 EHA105。质粒转化农杆菌同 7.3.2.4。

7.6.2.5　甜瓜的转化

转化方法同上茎尖转化（7.5.2）。受体材料为甜瓜品系 M - 23。

7.6.2.6　转基因植株的分子检测

转基因植株进行 PCR 检测、Southern blot 检测同 7.3.2.6、7.3.2.7。

7.6.2.7　转基因甜瓜植株花器官某些性状的测定

整枝方式采用双蔓整枝，主蔓 5 片叶时打顶，2、3 节留 2 条子蔓，孙蔓 3～4 节摘心，记录子蔓上第一朵完全花节位。

（1）花粉总量的测定。采取转基因植株和非转基因植株同一节位开放的完全花花蕾，并在第一朵完全花节位，取完整花药，放在硫酸纸上干燥，碾碎花药，倒入 2.0 mL 灭菌离心管中，加 200 μL 无菌水，充分混匀，4 000 r/min 离心。用移液枪吹打混匀后取 5 μL 样品，在显微镜下观察，每个视野里测量体积为 1 mm×1 mm×0.1 mm＝0.1 mm³，用血球计数板计数，做好小格中的花粉粒数量记录，500 μL 稀释液中应有花粉粒总量 $N=n×5 000$。分别测定 4 株转基因的花粉总量，以非转基因植株为对照。每个待测植株取 3 朵花，每朵花重复测定 3 次。花粉萌发率（％）＝（萌发花粉数/花粉粒总数)×100。

（2）转基因植株的花粉萌发试验。所用的固体培养基组成为蔗糖 15％、硼酸 0.01％、琼脂 0.1％。共取 4 个株系，每株随机采取 3 朵花，将花粉小心散落到硫酸纸上，充分混匀，将其涂在花粉培养基中，将载玻片放置于培养皿中，25 ℃恒温黑暗条件下培养 10 h，然后在荧光显微镜下观察花粉萌发率。分别测定转基因植株和非转基因植株的花粉萌发率，每株随机取 3 朵，每朵花重复培养 3 次，统计分析花粉萌发率。

（3）花粉形态的扫描电镜观测。分别取转基因植株和非转基因植株同一节位开放的完全花花蕾在扫描电镜下进行观察。扫描电镜样品制备方法如下。

① 将花药直接放入固定液中，用 pH 6.8 戊二醛固定，并置于 4 ℃冰箱中固定 1.5 h。

② 冲洗，用磷酸缓冲液 （0.1 mol/L，pH 7.2） 清洗样品 2 次，每次 5 min。

③ 对花药进行脱水处理，脱水溶液分别用 50％、70％、80％、90％、100％的乙醇溶液，不同浓度溶液处理 10 min。

④ 用 100％的乙醇脱水 3 次。

⑤ 用 ES‐2030 （HITACHI） 型冷冻干燥仪对样品进行干燥，大约 4 h。

⑥ 粘样，将样品观察面向上用导电胶带粘在扫描电镜样品台上。用 E‐1010 （HITACHI） 型离子溅射镀膜仪在样品表面镀一层 15 nm 厚的金属膜，在扫描电镜下观察花粉形状、饱满程度，并在 1 500 倍下拍照。

第八章　结果与分析

8.1　甜瓜自交系再生体系的建立

8.1.1　不同培养基对种子发芽率和出苗率的影响

　　试验中观察到，播种在 MS 培养基上的幼苗生长缓慢、长势弱，并且出苗率很低，播种在 1/2MS 和 1/4MS 培养基上的无菌苗出苗率有所提高。甜瓜无菌苗在 1/8MS 培养基上不仅长势强而且发芽时间整体提前 1～2 d，且 4 个品系均在 1/8MS 培养基上的发芽率和成苗率最高，均为 100％（表 2-8-1）。本试验中最适甜瓜萌发培养基是 1/8MS，分析原因可能为蔗糖是培养基渗透压的调节者，使用 1/8MS 培养基进行萌发试验发现，减少了蔗糖含量，就降低了 MS 培养基的渗透压，最终导致了发芽率的改变。

表 2-8-1　不同培养基对甜瓜种子发芽率的影响

培养基成分（水＋琼脂）	MS＋3％	1/2MS＋3％	1/4MS＋2％	1/8MS＋1％
品系 1（100 粒种子）	67#	75	90	100
品系 2（100 粒种子）	75	80	80	100
品系 3（100 粒种子）	69	79	90	100
品系 4（100 粒种子）	68	78	89	100

　　注：发芽率＝发芽数/接种的种子总数×100％；3％、2％、1％为蔗糖的克数比。

8.1.2　激素及其配比对甜瓜不定芽诱导的影响

　　甜瓜子叶节外植体接种在不定芽诱导培养基上，随着培养时间的延长，厚度明显增加，子叶节颜色由绿色逐渐变成深绿色。13 d 后子叶靠近生长点部位明显膨大，15 d 左右周围开始出现浅绿色针尖状小芽点（图 2-8-1），此后芽点继续生长，有些能够直接分化成不定芽，有些则会形成绿色球状紧实凸起而停止分化。30 d 后，可以长出许多不定芽丛，随着 6 - BA（表 2 - 8 - 2）和 IAA 浓度的变化，每外植体产生不定芽数也发生变化，其中 2 号品系子叶节外植体的再生芽数呈增加趋势，在 M8 培养基上达到最大值 3.2，极显著高于 M0～M7 培养基，其他材料呈先增加后降低的趋势，1 号品系在 M11 培养基上具有最高的再生芽数，为 3.4，其中 4 号品系在 M8 培养基上再生芽数显著

图 2 - 8 - 1　甜瓜再生的不同时期

A. 甜瓜种子在萌发培养基 5 d 后发芽情况；B 和 C. 子叶节接种至诱导培养基中；D. 3～4 周后再生的不定芽；E. 不定芽在伸长培养基中伸长；F. 伸长的不定芽在生根培养基中 2 周后生根；G. 再生苗移栽到土壤中

高于其他培养基，高达 4.0。可见，M8 培养基激素水平是 4 号品系的最适培养基。由材料在 M1、M2、M3、M4 培养基中的再生芽数比较可以看出，在相同 6 - BA 的浓度下，IAA 的添加能够提高平均每外植体再生不定芽数。

表 2 - 8 - 2 不同基因型甜瓜子叶节在不同培养基上的每外植体再生芽数（个）

培养基编号	品系 1	品系 2	品系 3	品系 4
M1	0.9E	0.8F	0.8F	0.8G
M2	1.4DE	1.8E	1.0F	1.6F
M3	1.7CDE	2.3BCDE	1.7DE	2.1E
M4	1.6CDE	2.5ABCDE	1.7E	2.2E
M5	1.9BCD	3.1AB	2.0CDE	2.8C
M6	2.3BC	3.0ABC	2.3BC	2.7CD
M7	2.3BC	3.0ABC	2.8A	3.3B
M8	2.2BC	3.2A	2.2CD	4.0A
M9	2.7AB	2.8ABCD	2.7AB	3.8AB
M10	2.5B	1.9DE	1.9CDE	3.4B
M11	3.4A	1.6EF	1.8CDE	2.7CD
M12	3.3A	2.0CDE	2.2CD	2.3DE

注：同列数据后不同大写字母表示差异极显著（$P<0.01$）。

8.1.3 基因型对甜瓜子叶节再生能力的影响

在 M8（MS＋1.5 mg/L 6 - BA＋0.1 mg/L IAA）培养基上，不同基因型甜瓜子叶的再生频率及平均每外植体再生芽数的差异显著性分析见表 2 - 8 - 3。在 M8 培养基上，4 个基因型品系均有较高的不定芽再生频率。其中，品系 2、品系 4 的再生能力较强，再生频率分别为 66.7％和 96.7％，这两个品系的不定芽再生频率显著高于其他品系，品系 3 的再生频率和平均每外植体再生芽数最低，分别为 70％和 1.2％。

表 2 - 8 - 3 不同基因型甜瓜品系在 M8 培养基上的再生频率

品系名称	外植体数（个）	产生不定芽外植体总数（个）	不定芽数（个）	再生频率（％）	平均每外植体再生芽数（个）
1	30	12	50	36.7B	1.6C
2	30	20	70	66.7C	2.4B

（续）

品系名称	外植体数（个）	产生不定芽外植体总数（个）	不定芽数（个）	再生频率（%）	平均每外植体再生芽数（个）
3	30	21	40	70B	1.2D
4	30	29	80	96.7A	5.2A

注：同列数据后不同大写字母表示差异极显著（$P<0.01$）。

8.1.4 6-BA 对不定芽伸长的影响

将4号品系甜瓜子叶节外植体上分化的丛生芽切下，接种于含不同浓度6-BA 的芽伸长培养基上，生长情况见表2-8-4。结果表明，随着6-BA 浓度的变化，芽伸长量呈先增加后降低趋势，当6-BA 浓度为 0.05 mg/L 时，15 d 后芽伸长量最大，为 3.0 cm，且生长快，节间伸长快、叶片鲜绿、生长健壮（图2-8-1）。因此，0.05 mg/L 是不定芽伸长的最佳浓度。

表 2-8-4 6-BA 对甜瓜不定芽伸长的影响

6-BA 浓度（mg/L）	不定芽伸长值（cm）	再生苗的生长状态
0	1.3B	生长极慢，叶片皱缩
0.01	2.1AB	生长缓慢，节间短
0.05	3.0A	生长快，节间长，叶片平展
0.10	2.7A	生长较快，叶片较小
0.15	2.0AB	生长缓慢，叶片小

注：同列数据后不同大写字母表示差异极显著（$P<0.01$）。

8.1.5 再生植株的生根

再生植株在不添加任何激素的 1/2MS 培养基上，均能生长出正常根系，生根率为100%。研究发现，培养8 d 左右，再生植株的茎基部出现白色不定根（图2-8-1），随着时间的延长，不定根长度很快增加，但根的数量增加缓慢，生根的再生苗15 d 可进行移栽。

8.2 甜瓜再生过程中生理生化动态及内源激素的变化

8.2.1 甜瓜子叶节在不定芽发生过程中抗氧化酶活性的变化

8.2.1.1 SOD 活性变化

由图2-8-2可知，4个甜瓜品系在培养的前14 d 内变化趋势是一致的。

在愈伤组织形成初始阶段，外植体 SOD 活性不断上升，第 7 d 达到第 1 次高峰；随着愈伤组织的生长，在培养的 7～14 d，SOD 活性变化较为缓慢，均出现下降趋势。而在愈伤组织生长的中后期以及不定芽发生及生长过程中，4 个品系的 SOD 值出现了不同变化趋势，2 号品系小幅上升后下降，3 号、4 号品系继续下降后上升，而品系 1 号持续缓慢下降。说明 SOD 活性升高对外植体愈伤组织的早期发生有促进作用。

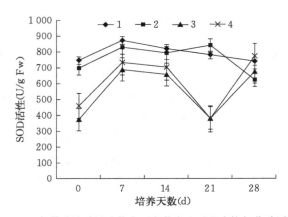

图 2-8-2　4 个甜瓜品系子叶节在不定芽发生过程中抗氧化酶活性的变化

8.2.1.2　POD 活性变化

由图 2-8-3 分析可知，在培养 28 d 内，2 号、3 号甜瓜品系的 POD 活性保持上升趋势；而 1 号品系的 POD 活性持续上升后，在 21～28 d 时，开始出现大幅度下降趋势，可能与此时愈伤组织生长进入衰老阶段有关；4 号品系与其他 3 个品系情况大不相同，在培养初期，即 0～7 d 内，POD 活性首先出现下降趋势，转而开始上升，到 14 d 后又经历小幅下降后上升。由此可见，

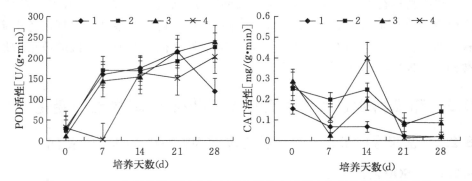

图 2-8-3　4 个甜瓜品系子叶节在不定芽发生过程中抗氧化酶活性的变化

POD 活性变化对于甜瓜不定芽发生过程的影响有待进一步研究。

8.2.1.3 CAT 活性变化

由图 2-8-3 可见，在 0~21 d 内，4 个甜瓜品系的变化趋势基本一致，分别在培养的 0 d 和 14 d 出现 2 次高峰，表现为降—升—降的变化趋势，且 2 号、3 号品系在 14 d 的活性明显高于另外两个不易再生品系。但在培养的 21~28 d，2 号、3 号甜瓜品系表现为上升趋势，但 1 号、4 号品系，CAT 活性仍然呈现下降趋势。试验表明，CAT 活性的升高对不定芽的诱导发生有积极作用，对不定芽的后期发育有促进作用。观察发现，在培养的前 14 d 内，CAT 活性的变化规律与 SOD 活性的变化正好相反，即 SOD 活性升高时，CAT 活性呈下降趋势；而当 CAT 活性升高时，SOD 缓慢下降。

8.2.1.4 甜瓜子叶节外植体在不定芽发生过程中 MDA 含量、可溶性蛋白含量与叶绿素含量变化

由图 2-8-4 可知，在 4 个甜瓜品系子叶节的诱导过程中，MDA 含量变化趋势大体相同，呈明显大幅度下降趋势。即在无菌苗时期，MDA 含量呈现最大值，之后变化不明显，可能与无菌苗时期子叶节受到损伤有关。

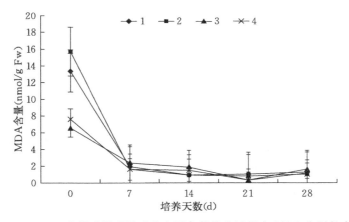

图 2-8-4 4 个甜瓜品系子叶节在不定芽发生过程中 MDA 含量的变化

8.2.1.5 可溶性蛋白含量变化

由图 2-8-5 可知，随着甜瓜外植体愈伤组织的生长、分裂和分化，其可溶性蛋白含量也发生一定变化，1 号、2 号、4 号品系可溶性蛋白含量均在无菌苗时期出现最高值，之后随着愈伤组织的产生而下降，在愈伤组织生长时又再次上升。培养 21 d 时，2 号品系可溶性蛋白含量升高，出现第二次高峰，可能与不定芽生长有关，但在不定芽产生后又呈下降趋势。3 号品系在不定芽的

诱导过程中可溶性蛋白含量变化不明显。1号、2号、4号品系可溶性蛋白含量在培养过程中呈下降趋势，表明愈伤组织发生要依靠外植体储藏的蛋白质来启动。

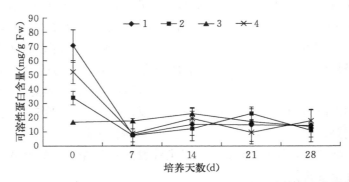

图2-8-5　4个甜瓜品系子叶节在不定芽发生过程中可溶性蛋白含量的变化

8.2.1.6　叶绿素含量和类胡萝卜素含量变化

由图2-8-6可知，4个甜瓜品系的叶绿素a、叶绿素b、类胡萝卜素、叶

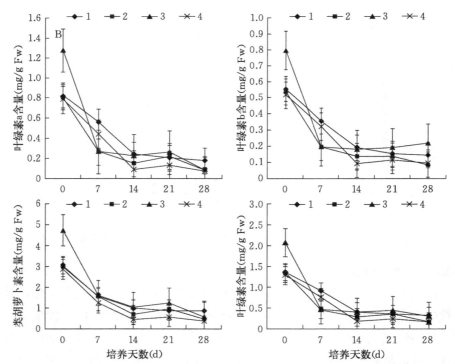

图2-8-6　4个甜瓜品系子叶节在不定芽发生过程中叶绿素含量和类胡萝卜素含量的变化

绿素总量的含量均呈现大幅下降趋势，即在无菌苗时期，叶绿素含量为最高值，表明此时光合作用最强。随着愈伤组织的发生，子叶节颜色开始变淡，叶绿素含量下降，光合能力也随之下降。

8.2.2 内源激素含量及比值的变化

8.2.2.1 内源 IAA 含量的变化

由图2-8-7可知，不定芽诱导过程中各品系间内源IAA的含量变化较大。4个品系在幼叶、不定芽形成过程中内源IAA含量呈不同的变化曲线，即由高到低的过程。从IAA含量来看，品系间有明显差异，0 d时，1号、4号品系IAA含量较高，随后开始下降；在7 d时，1号、4号品系IAA含量大幅度下降，3号品系一直呈下降趋势，2号品系则在0～7 d稍有上升，随后下降；28 d时，4号品系含

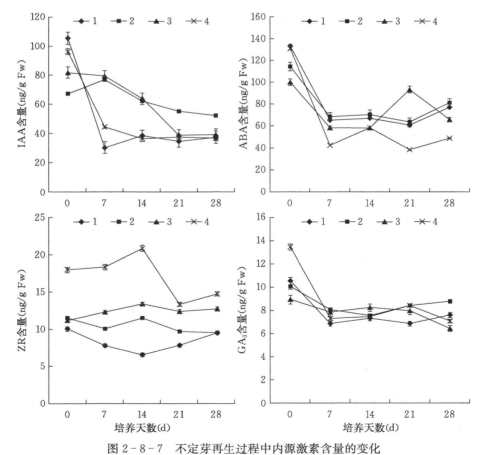

图2-8-7 不定芽再生过程中内源激素含量的变化

量最低，而再生率最高。可见，低含量的 IAA 有利于外植体再生。

8.2.2.2 内源 ABA 含量的变化

由图 2-8-7 可知，虽然各品系间在不同培养阶段内源 ABA 含量存在较明显的差异，但均随着不定芽诱导过程而呈现高—低—高的变化趋势。在诱导初始阶段，内源 ABA 含量急剧减少，其中 4 号品系在 7 d 时最低，1 号、2 号和 4 号品系相近；而 3 号品系内源 ABA 含量在 21 d 时又很快回升，此时 4 号品系最低。4 号品系在 7~28 d 一直保持较低水平。可见，ABA 与再生能力呈负相关。

8.2.2.3 内源 ZR 含量的变化

4 个品系在不同培养阶段内源 ZR 含量同样经历了低—高—低的变化，但品系间的含量及变化幅度差别较大（图 2-8-7）。4 号品系不定芽再生过程中的内源 ZR 含量均显著高于其他品系，在第 14 d 达到最高值，然后下降。其他 3 个品系的 ZR 含量都比较低，可见较高的 ZR 含量有利于再生。

8.2.2.4 内源 GA_3 含量的变化

由图 2-8-7 可知，0 d 4 个不同阶段内源 GA_3 含量的变化与 IAA 0 d 十分相似，都达到了最高值。而且，4 号品系含量最高，3 号品系最低。可见，此时的含量与再生能力有一定的联系。随着愈伤组织诱导和再生小植株分化，内源 GA_3 含量逐渐下降，启动分化（7 d）期的下降幅度更大些，第 21 d 2 号品系、4 号品系略微回升。

8.2.2.5 IAA/ZR、IAA/ABA、ZR/ABA 的变化

甜瓜子叶节在组培过程中不同阶段的内源激素含量是不断变化的，进而使得 IAA/ZR、ZR/ABA、IAA/ABA 的比值也不断发生变化，不同品系间也有较明显的差异（图 2-8-8）。子叶节接种后 0 d，易再生品系 4 号内源 IAA/ZR 的比值最低，而且一直保持较低水平。0 d 时，4 号品系 IAA/ABA 出现最高值；而在 21 d 和 28 d 时，比其他品系都高，3 号品系为最低。可见，较低的比值不利于再生。4 号品系 ZR/ABA 在整个再生过程一直保持较高水平，可见，ZR/ABA 与再生能力呈正相关。

8.2.2.6 子叶节接种不同时期的变化

由图 2-8-9 可以看出，在 4 号品系的 5 个不同阶段，子叶节接种 4 d 左右细胞开始启动分化，之后进行旺盛分裂到 14 d 时即形成芽原基，21 d 时外植体上形成肉眼可见的不定芽。4 号品系 ZR/ABA 比值远高于其他品系，尤其是在植株再生阶段。这表明在此阶段内源 ZR 含量占有绝对优势，而其内源 ABA 含量较少。

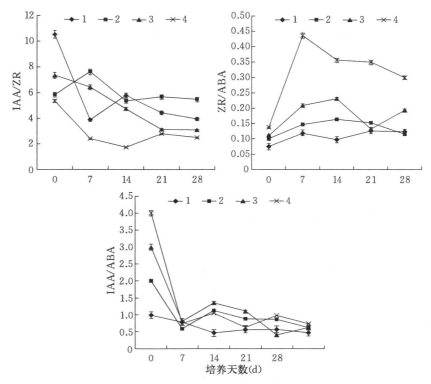

图 2-8-8　子叶节不定芽再生过程中内源激素平衡的变化

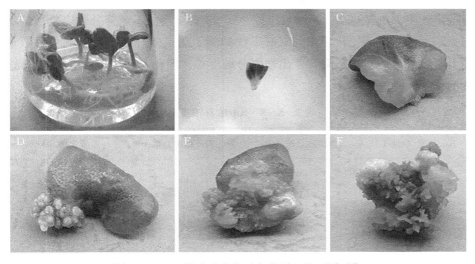

图 2-8-9　甜瓜子叶节不定芽再生的不同时期

A. 无菌苗；B. 子叶节 0 d；C. 接种后 7 d（启动分化）；D. 接种后 14 d（芽原基形成）；E. 接种后 21 d（芽开始膨大）；F. 接种后 28 d（芽开始伸长）

8.3 甜瓜子叶节遗传转化体系的建立

8.3.1 质粒提取及酶切

质粒转化农杆菌后，提取质粒，以质粒 DNA 为模板，使用内切酶 Sac I 和 BamH I 进行双酶切，经琼脂糖电泳检测得到预期大小的片段，证明目的片段已插入载体中（图 2‑8‑10）。

8.3.2 不定芽卡那霉素的临界浓度确定

为确定 Km 对外植体不定芽生长的抑制影响，将甜瓜品系 M‑23 子叶节接种到不同 Km 浓度的分化培养基中，进行敏感度测试，统计结果见表 2‑8‑5。结果表明，甜瓜对 Km 较为敏感，在各

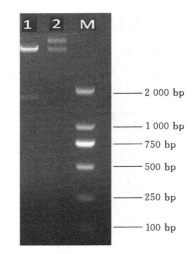

图 2‑8‑10　质粒提取及酶切电泳图
1. 酶切结果；2. 质粒；M. Marker 2 kb

浓度下外植体不定芽的生长均受到不同程度的抑制，随着 Km 浓度的增加，不定芽分化率明显降低。当 Km 浓度为 50 mg/L 时，外植体的不定芽分化率明显下降；当 Km 浓度为 75 mg/L 时，M‑23 自交系的不定芽分化完全被抑制。与未添加的对照相比较，添加 Km 不仅抑制了甜瓜子叶节不定芽的分化数量，而且不定芽的质量也下降，并出现部分畸形芽。因此，转化过程中的 Km 选择压力确定为 75 mg/L。

表 2‑8‑5　Km 临界浓度筛选

Km 浓度（mg/L）	外植体总数（个）	分化的外植体总数（个）	分化率（%）
0	40	40	100
25	40	14	35
50	40	10	25
75	40	0	0
100	40	0	0
125	40	0	0

8.3.3 头孢霉素的抑菌效果的浓度筛选

接种培养 15 d 时，调查甜瓜品系 M-23 外植体的污染率，结果见表 2-8-6。Cef 浓度为 0～200 mg/L 时，不能抑制农杆菌的生长，外植体污染率很高。400 mg/L 开始抑制农杆菌的生长，浓度为 500 mg/L 时污染率很少，基本抑制了农杆菌的生长。一些研究表明，随着抗生素浓度的提高，Cef 对外植体不定芽诱导分化抑制作用增强。因此，在抑菌范围内尽量选择低浓度。本研究在外植体诱导过程中选择抑菌浓度为 Cef 500 mg/L。

表 2-8-6 头孢霉素临界浓度首轮筛选

Cef 浓度（mg/L）	外植体总数（个）	污染数（个）	污染率（％）
0	40	40	100
200	40	36	90
400	40	32	80
500	40	2	5
600	40	0	0
700	40	0	0

8.3.4 转化植株的 PCR 检测

将获得的抗性植株移栽到田间（附录 2 的附图 1、附图 2），提取抗性植株株系和对照植株 M-23 的基因组 DNA，用特异性引物进行扩增，共接种 400 个外植体，得到的再生苗共有 11 株扩增出 2 000 bp 左右的特异条带，初步统计 PCR 阳性率为 2.75％。PCR 产物琼脂糖凝胶电泳检测结果见图 2-8-11。

图 2-8-11 转 *CmACS7* 基因植株的 PCR 检测

M. Marker 2 kb；1～8、10. 转化植株；9. 未转化植株；11. 质粒 DNA

8.3.5 Southern blot 检测

8.3.5.1 探针效率检测

按照试剂盒说明书，将稀释不同浓度的探针点到硝酸尼龙膜上，进行标记探针的效率检测。本试验标定了 *NPTII* 基因为探针，见图 2－8－12，通过对比探针与 control DNA 的亮度，证明标记的探针可以用于后续试验。

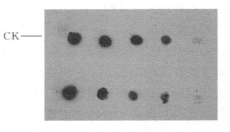

图 2－8－12　探针灵敏度检测

8.3.5.2 酶切效果检测

DNA 过夜酶切后，电泳结果见图 2－8－13、图 2－8－14，优化了甜瓜酶切体系（DNA 40 μg，300 U *Eco*R Ⅰ，水 200 μL）。8 h 和 16 h 均呈均匀弥散状，基因组 DNA 基本酶解，理论上可以进行下一步操作。

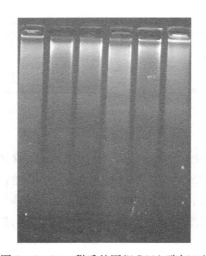

图 2－8－13　甜瓜基因组 DNA 酶切 8 h　　图 2－8－14　甜瓜基因组 DNA 酶切 16 h

8.3.5.3 Southern blot 杂交

为明确外源 *CmACS7* 基因在甜瓜基因组中的整合拷贝数，提取部分（1号、2号株系）经 PCR 鉴定比较明显的阳性植株基因组 DNA，酶切后进行电泳转膜，以标记的基因探针与其进行 Southern blot 杂交。结果表明，有 2 株各有 1 条杂交带，外源基因以单拷贝形式整合到甜瓜基因组的 DNA 中（图 2－8－15）。

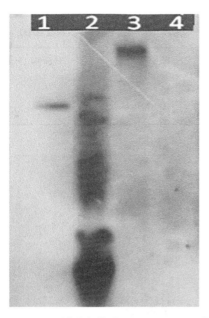

图 2-8-15　转化植株的 Southern blot 检测

1、3. 转化植株；2. 质粒阳性对照；4. 非转基因植物

8.3.6　转基因甜瓜植株的花形态分析

采用农杆菌介导的组培转化方法，共获得 PCR 阳性植株 8 株（表 2-8-7），将阳性株系移栽到田间，观察相同条件（温度、光照等）下非转基因品系 M-23 与转基因甜瓜品系 M-23 植株的表型，转基因植株生长缓慢、矮小，其成活植株观测结果如下：2 株转基因甜瓜中都出现雌花（图 2-8-16，表 2-8-7），另外 6 株性型与正常株型没有区别，其中 1 株死亡。

表 2-8-7　转基因植株雌花率的调查

株系	总花数（个）	雌花数（个）	雌花率（个）
CK	75	0	0
1	68	6	8.8
2	65	7	10.7
3	80	0	0
4	78	0	0
5	70	0	0

（续）

株系	总花数（个）	雌花数（个）	雌花率（个）
6	75	0	0
7	77	0	0
8	78	0	0

图 2-8-16　甜瓜转化植株花器官形态观察

A. 非转基因植株 M-23；B. 转基因植株 M-23；C. 正常的非转基因植株 M-23 两性花；D. 转基因植株 M-23 出现了雌花

8.4　花粉管通道法转化体系的建立

8.4.1　Km 致死浓度的确定

结果显示，无论在哪种 Km 浓度下，甜瓜品系都能萌发。但萌发的种子子叶展开后，子叶的表面逐渐变黄，并且下胚轴、子叶呈现出不同程度的黄化，最后整株黄化。经过 10 d 的时间，统计发现，1 200 mg/L Km 足以使甜瓜幼苗全部死亡（附录 2 中的附图 3、表 2 - 8 - 8）。3 次重复试验的结果相同。因此，可以初步断定抑制正常甜瓜幼苗生长的最低 Km 浓度为 1 200 mg/L。

表 2 - 8 - 8　不同 Km 浓度甜瓜种子出苗率

Km 浓度（mg/L）	0	100	200	300	500	1 000	1 200
M - 23（绿苗率%）	100	70	40	20	10	0	0

8.4.2　用于分子检测的外源 DNA 制备

采用碱裂解法提取大量质粒 DNA，将提取的质粒用内切酶 *Sac* I 和 *Bam*H I 进行双酶切，经琼脂糖电泳检测得到预期大小的片段，证明目的片段（*CmACS7*）已插入载体中，可用于后续转化试验。将提取后的质粒 DNA 与 λDNA 浓度进行对比（图 2 - 8 - 17）。由 DNA 亮度推断出质粒 DNA 浓度可用于花粉管注射，保存冰箱备用。

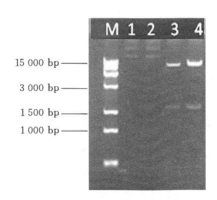

图 2 - 8 - 17　提取的质粒及酶切结果

M. Marker 15 kb；1、2. 质粒；3、4. 双酶切

8.4.3　甜瓜花粉管通道法适宜转化时间的确定

用荧光显微镜观察发现，甜瓜品系 M - 23 在授粉 1 h 后，花粉粒开始萌发；6 h 后花粉管伸进花柱；12 h 后花粉管到达花柱基部；24 h 后花粉管伸进胚珠（图 2 - 8 - 18）。本试验结果表明，授粉后 24 h 左右花粉管可到达胚囊，考虑到双受精所需的时间，甜瓜子房注射的时间以授粉后 24 h 为最佳。

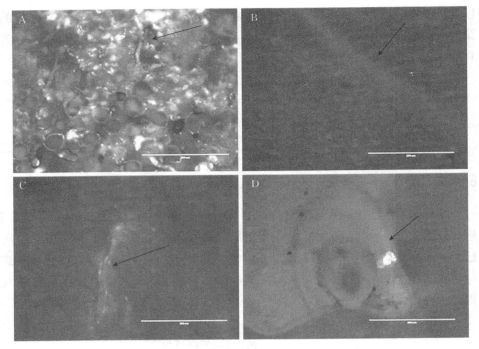

图 2-8-18　甜瓜花粉管在子房中的生长动态

A. 授粉 1 h 甜瓜花粉开始萌发；B. 6 h 花粉管聚集到子房中部，成束向子房延伸；C. 到达底部的花粉管向胚囊延伸；D. 24 h 胚囊已经受精

8.4.4　花粉管通道法转化植株的子房生长状态及坐果率统计

由图 2-8-19 可以看出，微量注射器进行品系 M-23 子房注射时，不可避免对子房造成伤害，可见花器大小直接影响坐果率。果实成熟后，收获转化的甜瓜果实，调查子房注射法甜瓜坐果率（表 2-8-9）。

图 2-8-19 花粉管通道法植株的不同生长阶段

A. 用刀切割柱头子房注射；B. 正常雌花；C. 注射后萎蔫子房；D. 注射后正常膨大子房

表 2-8-9 子房注射法甜瓜坐果率调查统计表

受体材料	处理数（朵）	结果数（个）	坐果率（%）
M-23	50	9	18

8.4.5 转化植株种子的抗性筛选

对于花粉管通道法获得的 9 个甜瓜品系 M-23 的果实，取其种子进行苗期 Km 筛选试验。由图 2-8-20 可见，转化植株抗性明显，未转化植株种子在 1 200 mg/L Km 下，不能正常发芽出苗。最终经筛选得到 1 个抗性植株株系，用于进行下一步试验。

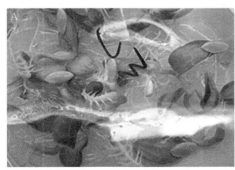

图 2-8-20 转基因植株种子的筛选

A. 转化植株种子；B. 未转化植株种子

8.4.6 转基因植株的分子检测

对筛选到的 T_1 代抗性植株进行 PCR 检测（图 2-8-21）。在检测的 80 株抗性植株中，有 4 株为 PCR 阳性，初步证明目的基因已被整合进基因组中。最后收获 4 株转基因植株的果实，按全部转化植株（包含非抗性植株）计算，PCR 阳性转化率为 5%。

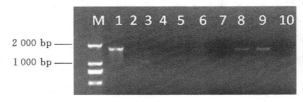

图 2-8-21　甜瓜转基因植株的 PCR 分析

M. Mark 2 kb；1. 质粒；2. 未转化植株；3～10. 转基因植株

8.4.7　转基因植株的花形态分析

相同条件（温度、光照、激素等）下观察非转基因与转基因甜瓜植株表型，其成活植株观察结果如下：3 株转基因甜瓜中出了雌花（图 2-8-22、表 2-8-10），另外 1 株性型与正常株型性型没有区别，没有统计。

图 2-8-22　甜瓜转化植株花器官的形态观察

A. 转基因植株雄全同株出现了雌花；B. 非转基因的雄全同株中的两性花

表 2-8-10　转基因植株雌花率的调查

株系	总花数（个）	雌花数（个）	雌花率（%）
CK	85	0	0
6	67	8	11.9
7	75	6	8
8	69	9	13
9	80	0	0

8.5　茎尖法转化体系的建立

8.5.1　卡那霉素敏感试验

本试验通过 Km 对甜瓜叶片敏感性研究表明，不同 Km 浓度的处理，叶片变化情况不同，Km 处理浓度越大，则对叶片的影响越大，特别是 6 000 mg/L 以上 Km 处理的叶片表现最为明显；处理 9 d 后，1 000 mg/L 以上 Km 处理的单株完全消除了甜瓜叶片自身对 Km 抗性的限度，6 000 mg/L 以上 Km 处理的叶片全部干枯死亡。因此，确定致死浓度为 6 000 mg/L（图 2 - 8 - 23、表 2 - 8 - 11）。

图 2 - 8 - 23　不同浓度 Km 涂抹叶片的反应

A. 0 级；B. 1 级；C. 2 级；D、E. 3 级；F. 4 级；G. 5 级；H. 6 级

表 2 - 8 - 11　甜瓜自交系 M - 23 叶片对 Km 抗性试验

Km 浓度 (mg/L)	处理植株数（株）	处理后第 9 d 叶片黄化程度							黄化程度小于等于 3 级的百分比（%）
		0 级	1 级	2 级	3 级	4 级	5 级	6 级	
8 000	30	0	0	0	0	2	6	22	0
6 000	30	0	0	0	15	10	3	2	50
5 000	30	0	0	2	8	10	5	5	33.3
4 000	30	0	8	12	4	2	4	0	80
3 000	30	0	10	15	4	1	0	0	96.7

（续）

Km 浓度 （mg/L）	处理植 株数（株）	处理后第9d叶片黄化程度							黄化程度 小于等于3级的 百分比（%）
		0级	1级	2级	3级	4级	5级	6级	
2 000	30	1	20	4	5	0	0	0	100
1 000	30	3	25	2	0	0	0	0	100
0	30	30	0	0	0	0	0	0	100

8.5.2 不同激素浓度产生芽数量比较

由表2-8-12可见，随着6-BA浓度的增加，虽然能生长分化出很多的不定芽，不定芽的分化数目显著增多，分化率均在90%以上。但如果伤口过大，则难以分化；如果伤口过小，则幼芽切除不彻底；当浓度增加到1.5 mg/L时，不定芽分化较多，但芽的伸长相对较快；而2.5 mg/L时，虽然不定芽数目较多，但显著抑制了芽伸长，大部分不定芽不伸长，造成后期死亡，而且根生长受到抑制。因此，确定激素的使用浓度为1.5 mg/L（附录2中的附图5）。

表2-8-12　不同激素浓度产生不定芽数目的比较

6-BA（mg/L）	分化率（%）	不定芽数（株）
0.5	90	2.5
1	93	4.5
1.5	95	5
2	97	6
2.5	97	7

8.5.3 不同基因型分化率比较

为研究茎尖转基因方法受基因型的限制程度影响，本试验选取4个不同甜瓜基因型，以甜瓜品系M-23、WQ、M-16、M-19为受体材料。每个品系选取50粒饱满种子，由表2-8-13可见，4个品系的分化率都很高，4个基因型中M-23的分化率较好，达到91%；M-19的分化率最低，但也达到85%。由此可知，受基因型影响较少。

表 2 - 8 - 13　不同基因型萌发率和分化率比较

品名	萌发率（%）	分化率（%）
M - 16	100	90
M - 19	100	85
M - 23	100	91
WQ	100	90

8.5.4　甜瓜转基因苗的获得

以甜瓜 M - 23 为受体建立转化体系，选取 100 粒饱满的种子播种于土壤中，萌发后进行农杆菌转化。由于茎尖不定芽的分化需要高湿度和较强光照，对萌发后的甜瓜幼苗进行去除顶芽处理（图 2 - 8 - 24）。在农杆菌侵染处理后，每天在茎尖伤口处，滴加不定芽诱导液，10～15 d 后茎尖的生长点处膨大，并能分化出许多不定芽，随着芽的生长，长势较强的不定芽开始发育成新的小植株。待新长出的植株出现 3 片新叶时，涂抹 6 000 mg/L Km，然后进行观察。用剪刀从基部去除未转化植株，同一受体上直至筛选到叶片无明显变化的抗性植株为止（图 2 - 8 - 25）。

图 2 - 8 - 24　再生芽的培养过程

A. 去掉茎尖生长点的甜瓜幼苗；B. 侵染后 7 d 后的甜瓜苗；C. 不定芽的伸长；D. 长出抗性植株的甜瓜苗

图 2-8-25　转化苗的筛选

A. 抗性苗；B. 非抗性苗

8.5.5　转基因甜瓜植株的分子检测

对得到的抗性植株分别进行编号，移栽到田间，提取基因组 DNA，经琼脂糖电泳检测 DNA 质量，然后进行 PCR 鉴定，其中 8 株检测到同样大小的目的条带（图 2-8-26），对获得的转基因材料进行 T_1 代的 Km 抗性筛选。

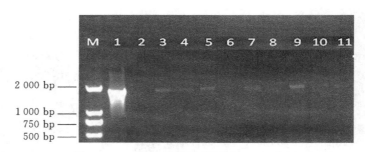

图 2-8-26　甜瓜转基因植株的 PCR 分析

M. Marker 2 kb；1. 质粒；2. 未转化植株；3～11. 转基因植株

8.5.6　转基因甜瓜植株 Southern blot 杂交

为进一步确定转入外源 *CmACS7* 基因在甜瓜基因组中的整合情况，提取基因组 DNA（5 号、9 号株系）PCR 鉴定阳性植株，酶切后对产物进行电泳转膜，以标记的探针与其进行 Southern blot 杂交。结果发现有 2 株各有 1 条杂交带，表明外源基因已整合到甜瓜基因组的 DNA 中，且外源基因以单拷贝形式插入（图 2-8-27）。

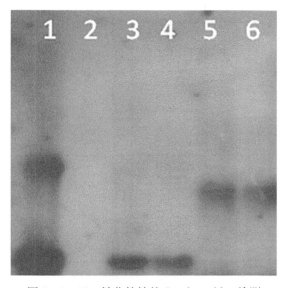

图 2-8-27 转化植株的 Southern blot 检测

1. 质粒阳性对照；2. 转基因植物；3～6. 转化植株

8.5.7 转基因植株花的形态观察

对 PCR 检测获得的阳性植株（8 株），其转化率见表 2-8-14，定植田间后，在相同条件下观察（温度、光照、激素等）非转基因甜瓜与转基因甜瓜植株表型，其成活植株观测结果见表 2-8-15，转基因甜瓜植株中明显雌花数增加，2 号株系最高，雌花率 23%（图 2-8-28）。

表 2-8-14 转化率的统计

品系株数	分化率（%）	抗性植株（株）	PCR 阳性（株）	转化率（%）
100	95	45	8	8

表 2-8-15 转基因植株雌花率的调查

株系	总花数（个）	雌花数（个）	雌花率（%）
CK	80	0	0
1	70	7	10
2	65	15	23

（续）

株系	总花数（个）	雌花数（个）	雌花率（%）
3	78	4	5.1
4	67	10	14.9
5	68	0	0
6	78	12	15.4
7	81	11	13.6
8	89	0	0

图 2 - 8 - 28　甜瓜转基因植株花的形态观察

A、C. 转化植株蔓上着生雌花；B、D. 转化植株蔓上着生完全花和雄花

8.6　甜瓜性别相关基因的克隆及遗传转化

8.6.1　全长序列的获得

从甜瓜雌雄同株品系 M - 47 cDNA 中扩增得到了 2 000 bp 左右的片段

（图 2 - 8 - 29），然后与 pGEMTeasy 载体连接，转化大肠杆菌，通过菌落 PCR 快速筛选得到阳性克隆，提取 10 个阳性克隆的质粒，利用载体内部的酶切位点，限制性内切酶 *Eco*R I切割质粒，进行鉴定、测序。此克隆能够通读，全片段长度为 1 865 bp。经过 ORF 预测分析，该序列包含 1 446 bp 的完整开放读码框（图 2 - 8 - 30），该读码框编码一个由 481 个氨基酸组成的多肽。用 BLAST 程序对其与 GenBank 中收录的序列进行同源性比较，结果表明，获得的序列与目前已有的哈密瓜 *CmACS3* 基因的核酸序列具有 98％ 的相似性，氨基酸序列也有很高的相似性。

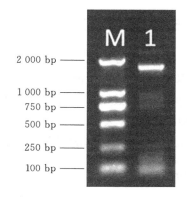

图 2 - 8 - 29 *CmACS3* 基因全长 cDNA 电泳结果

M. Marker 2 kb；1. *CmACS3* 基因全长

```
1 atgaagatgctttccacaaaagccacgtgcaattcccacggtcaa
  M K M L S T K A T C N S H G Q
46 gattctcctacttcttaggatggggaagcttatgagaaaacccc
  D S S Y F L G W E A Y E K N P
91 tttgatgaactctaatcccaacgcatcattcagatgaggctgc
  F D E T S N P N G I I Q M G L
136 gccagaatcaactatcatttgatcttctcgaatcatggcttaca
  A E N Q L S F D L L E S W L T
181 aaaaatccagacgcagccagctttaaacgtgatggcaaatcaatt
  K N P D A A S F K R D G K S
226 tttagagagctggctctcttccaagattaccacggcttacccgca
  F R E L A L F Q D Y H G L P A
271 ttcaaaaaggcattggtagaatttatgcggaaattagaggaaac
  F K K A L V E F M A E I R G N
316 aaagtcattgaagcaataaacattgtcttaactgctggcagt
  K V T F E A N N I V L T A G A
361 acatcagccaatgaaacacttatgttctgccttgcagaggctggc
  T S A N E T L M F C L A E A G
406 gatgcctttctcctcccaactccatactaccaggattgatag
  D A F L L P T P Y Y P G F D
451 gatttgaaatggagaactggagttgtgcaattcattgc
  D L K W R T G V E I V P I H C
496 actagctccaacggcttcaagtcccccaacccgcttagaacaa
  T S S N G F Q V P Q P A L E Q
541 gcttacaaagaagctgaaagtccagacccacgtgtcaaggcgta
  A Y K E A E S R N L R V K G V
586 ttggttacaaacccatctaacccattggggactacgatgacaaga
  L V T N P S N P L G T T M T R
631 aatgaactcgacttggttttgatttcataacctccaaaggcatt
  N E L D L V F D F I T S K G I
676 catttgatcagcgatgagattactcgggacgttttggtct
  H L I S D E I Y S G T V F G S
```

```
721 ccaggattcgtgagcgcgatggaggtacttaaggagaggagtaac
  P G F V S A M E V L K E R S N
766 gaagaggaggaagttgggaagagagttcatattgtttacagttta
  E E E V G K R V H I V Y S L
811 tcgaagcatttaggtctcccaggtttttcgagtgcaatttac
  S K D L G L P G F R V G A I Y
856 tctaacgatgaaatggttgtgcggcgtgctactaaatgtctagc
  S N D E M V V A A A T K M S S
901 tttgggtttggtttcatctcaaacacaatatcttcttcagctatg
  F G L V S S Q T Q Y L L S A M
946 ctatccgacaagaaatttacgaagacctatatttcggagaatcaa
  L S D K K F T R T Y I S E N Q
991 aagaggttgaaacaaagacagaaaatgttggtgagtggattagag
  K R L K Q R Q K M L V S G L E
1 036 aaggctggataagtgtttggaagttggcttgtgttttgt
  K A G I K C L E S N A G L F C
1 081 tgggtagatatgaggcattgttggaatcagatacgtttgaaagt
  W V D M R H L L E S D T F E S
1 126 gaattaaagctatggaagaagattgtttacgaagtgggtttgaat
  E L K L W K K I V Y E V G L N
1 171 atttcaccaggatcatcttgtcattgcactgaaccaggctggttt
  I S P G S S C H C T E P G W F
1 216 cgtgtgtttgtttgctaatatgtcacagtcaaccttgaaactcgct
  R V C F A N M S Q S T L K L A
1 261 atcagagattgaagtcgtttgtccaagaattgagatccgtttct
  I R R L K S F V Q E L R S V S
1 306 acagcaaacgtttccactaccactacaaatattcatgacaacaaa
  T A N V S T T T T N I H D N K
1 351 ttttccaagaatatcaagaaaatatttttccaccaatgggttttc
  F S K N I K K N I F T K W V F
1 396 gtgccaatgatgtcaagatcaagccaaccgcaagctccactatgaa
  R Q S V Q D Q A N R K L H Y E
1 441 cgatag
  R *
```

图 2 - 8 - 30 *CmACS3* 的 cDNA 序列和由此推导的氨基酸序列

8.6.2　蛋白质二级结构预测

　　氨基酸序列提交至 SWISS－MODEL 服务器上的 DOMAIN ANNOTA-TION 模块，进行蛋白质二级结构的预测，结果见图 2-8-31。由图 2-8-31 可知，它们虽然有着相似的氨基酸序列，但螺旋、折叠及无规则卷曲的位置却不尽相同，h 表示 α 螺旋，e 表示延伸链，c 表示无规则卷曲。结果表明，甜瓜 *CmACS3* 基因编码的蛋白由 224 个螺旋、57 个延伸链和 200 个自由卷曲连接。

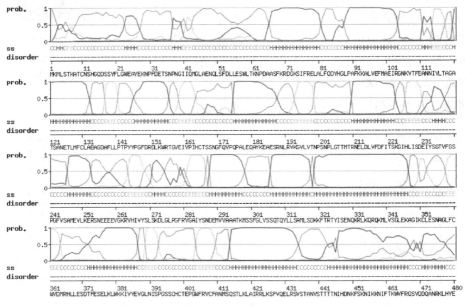

图 2-8-31　预测 *CmACS3* 基因编码的蛋白的二级结构

8.6.3　不同性别植株中组织的表达特性分析

　　提取甜瓜不同组织中的总 RNA，以甜瓜中的 *Actin* 基因作为内参，进行荧光定量 PCR 分析。计算与 *Actin* 基因的相对表达量，结果表明，在 4 种甜瓜性型植株中，根、茎、叶中均有表达，但是表达量差别明显。*CmACS3* 基因在全雌株和雌雄异花同株中的表达量较高，在雄全同株中表达量相对较低（图 2-8-32）。

8.6.4　植物表达载体构建

8.6.4.1　载体构建

　　用 PCR 扩增 *CmACS3* 基因 CDs 区并根据载体的酶切位点在该片段的两端分

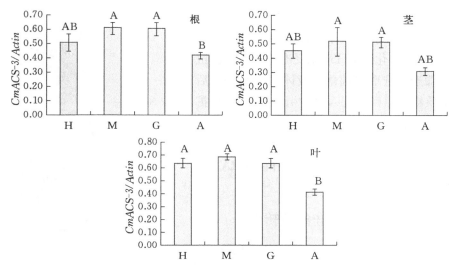

图 2 - 8 - 32 甜瓜 *CmACS3* 基因不同器官的 qRT - PCR 表达分析

H. 完全花株；M. 雌雄异花株；G. 全雌株；A. 雄全同株

注：不同大写字母表示在 0.01 水平上差异显著。

别添加 *Bam*H Ⅰ和 *Sac* Ⅰ酶切位点，通过引物对（5′ - ccgctcGCTACCTTAGCAG-CACAACT ，gagcggCCCCAAATATGGATGATGAGTA - 3′）*CmACS3* 基因的 ORF 两侧设计酶切位点（*Bam*H Ⅰ 和 *Sac* Ⅰ）及适当消除终止子连接到 T1 克隆载体中，将该片段通过 *Bam*H Ⅰ 和 *Sac* Ⅰ双酶切后 T₄DNA 连接酶进行定向连接。插入 pBI121 载体中，得到植物基因 *CmACS3* 的表达载体（图 2 - 8 - 33）。再转化到大肠杆菌 DH5α 中，均匀涂抹在含 50 mg/L Km 的固体 LB 培养基平板上，于 37 ℃倒置培养 16～24 h。从生长良好的阳性菌落中挑取单克隆，经 PCR 检测和测序验证后，得到载有 *CmACS3* ORF 的重组子 pBI121 的真阳性单克隆 DH5α 菌，扩大培养后进行质粒提取，提取阳性克隆的质粒转化农杆菌菌株 EHA105。

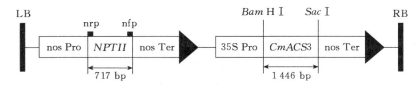

图 2 - 8 - 33 构建的 *CmACS3* 载体图谱

8.6.4.2 目的质粒转入农杆菌

用冻融法将含有目的片段的质粒 DNA 导入农杆菌 EHA105 感受态细胞中，

经 50 mg/L Rif、50 mg/L SM 和 50 mg/L Km
筛选，提取菌液中的外源质粒 DNA，而后将
质粒 DNA 转化到 DH5α 感受态细胞中，经抗
生素筛选，选取单菌落，液体培养基培养后
提取质粒，用目的基因特异引物进行 PCR 扩
增。结果表明，能从转化 pBI121 的 DH5α 质
粒 DNA 中扩增出目的片段（图 2 - 8 - 34），
说明目的片段已经成功导入农杆菌 EHA105，
可用于植物遗传转化。

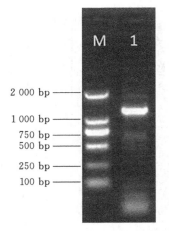

图 2 - 8 - 34　*CmACS3* 植物表达
载体转入农杆菌的
鉴定

M. marker 2 kb；
1. 农杆菌液 PCR 检测

8.6.5　受体材料的准备及转化

选取甜瓜品系 M - 23 100 粒饱满的种
子，在 55～60 ℃水中浸泡，并不断用玻璃
棒搅拌，至水温为室温，浸泡 12 h，然后播
种到营养钵中。待 2 d 后，子叶未展开前，
用刀片小心去除顶芽及侧芽，轻轻划3～5 道
伤口（尽量保持子叶合拢），作为侵染受体。划伤口，滴加诱导液，然后用农
杆菌侵染，进行暗培养 2 d 后，见光培养。每天滴加诱导液，诱导不定芽的分
化生长，直至分化的生长点处膨大分化出不定芽为止（附录 2 中的附图 5）。
对筛选出的抗性植株移栽到土壤中，收获果实，可进行下一步试验。

8.6.6　转基因植株的分子检测和田间性状观察

8.6.6.1　PCR 检测

以获得的抗性植株提取基因组 DNA 为模板，进行 PCR 扩增，琼脂糖凝
胶电泳检测。结果显示，从选择的 7 个株系中（*NPT*Ⅱ）均扩增得到了特异
目的条带，而且片段大小与预期的一致（图 2 - 8 - 35）。该结果初步证明，目
的外源基因成功整合到甜瓜基因组中。

8.6.6.2　转基因植株定量 PCR 检测

由图 2 - 8 - 36 可知，转基因植株的相对表达量与非转基因植株相比，均
有不同程度的升高，6 号株系的外源基因表达量最高。

8.6.6.3　转基因植株的 Southern blot 检测

为明确茎尖法转入外源 *CmACS3* 基因在甜瓜基因组中的整合拷贝数，提
取部分（5 号、6 号株系）PCR 鉴定阳性植株的基因组 DNA，酶切后对产物

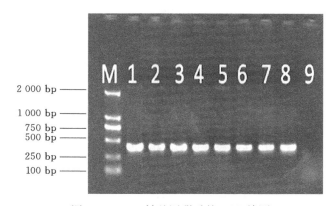

图 2-8-35　转基因甜瓜的 PCR 检测

M. Marker 2 kb；1. 对照植株；2~8. 转基因植株；9. 非转基因植株

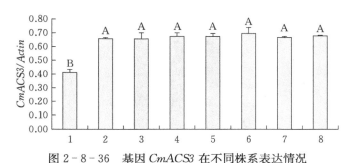

图 2-8-36　基因 *CmACS3* 在不同株系表达情况

1. 非转基因株系；2~8. 转基因株系

注：不同大写字母表示在 0.01 水平上差异显著。

进行电泳转膜，以标记的 *CmACS3* 基因探针进行 Southern 杂交。结果发现，4 株各有 1 条杂交带，表明外源基因已整合到甜瓜基因组的 DNA 中，且外源基因多以单拷贝形式插入（图 2-8-37）。

8.6.6.4　转基因植株花和花粉的形态学观察

（1）完全花比较，通过田间观察，在株系中发现主蔓上的两性花器官较小，似雄花，并且不易坐瓜。转基因株系中完全花雄蕊小，而且下位（图 2-8-38）。同时，有的植株上出现了完全花成簇生长的现象。

（2）两性花着生节位特性，对 T₀ 代转 *CmACS3* 基因甜瓜子蔓着生第一朵两性花进行观察，记录着生节位、结果（表 2-8-16），以未转基因甜瓜为对照，结果表明，转基因植株第一朵两性花着生节位低于未转基因植株，表明转 *CmACS3* 基因影响了甜瓜两性花的形成。

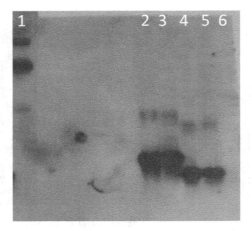

图 2-8-37 转基因植株的 Southern blot 检测

1. 质粒；2~5. 转基因植株；6. 未转化植株

图 2-8-38 甜瓜转基因植株花的形态观察

A. 未转基因植株花型表现；B. 转基因植株完全花

表 2-8-16 转基因植株花粉量和萌发率分析

样品编号	花粉总量（个）	花粉萌发率（%）	第一朵两性花出现平均节数
1	2 100	(24.66±2.08)B	6
2	2 300	(24±2)B	6
3	2 450	(24.33±3.06)B	8
4	2 320	(22.67±2.52)B	7
CK	3 100	(90.67±2.2)A	10

注：同列数据后不同大写字母表示差异极显著（$P<0.01$）。

（3）转基因植株花粉萌发率观察。与对照相比，抗性植株营养生长正常，完全花上的花粉量少。对花粉离体萌发情况进行了研究（图 2-8-39、表 2-8-17），发现转基因甜瓜花粉萌发率大幅度降低，T_0 代萌发率为 24%左右。

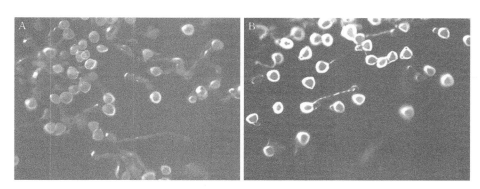

图 2-8-39 花粉萌发试验

A. 非转基因植株的花粉萌发（对照）；B. 转基因植株的花粉萌发

（4）经过对非转基因植株、转基因株系两性花花粉粒的扫描电镜观察，发现非转基因植株两性花的花粉粒为长球形，具 3 个萌发孔。萌发孔圆形，孔盖突出，上有颗粒状，孔缘明显加厚，外壁具网状雕纹，网眼圆形，大小不一致。转基因株系蔓上两性花的花粉粒皱缩、扁瘪，可以看到很明显的萌发孔，外壁内陷（图 2-8-40）。调查结果表明，转基因植株花粉畸形率明显高于非转基因植株（表 2-8-17）。

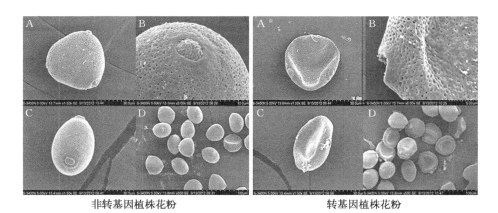

非转基因植株花粉   转基因植株花粉

图 2-8-40 花粉观察

A. 极面观；B. 局部放大；C. 赤道面观；D. 花粉群体

表 2 - 8 - 17　转基因植株花粉的扫描电镜畸形率观察

样品编号	花粉总量（个）	不正常花粉数量（个）	不正常花粉比率（%）
1	323.33	238.33	(76.15±13.87)B
2	312.67	241.33	(77.23±1.78)B
3	318.33	225.00	(71.23±4.65)B
4	236.33	170.67	(72.54±5.95)B
CK	396.00	25.00	(6.32±0.67)B

注：同列数据后不同大写字母表示差异极显著（$P < 0.01$）。

第九章 讨 论

9.1 甜瓜自交系再生体系的建立

激素是植物组织离体分化所必需的，甜瓜的离体培养常以 MS（或改良 MS）为基本培养基，通过添加不同种类和浓度的激素获得再生植株。陶兴林等以子叶作为外植体，在仅添加 1.0 mg/L 6-BA 和 2.0 mg/L 6-BA 的培养基上（不需要 IAA），两种材料获得了较好的效果[195]。

研究表明，6-BA 是甜瓜不定芽分化所必需的，但 6-BA 浓度太高，则明显抑制芽的分化，且再生芽多畸形，玻璃化加重，难以发育成正常植株，而 IAA 能明显提高芽的分化速度和不定芽数目[196]。本研究认为，甜瓜子叶节不定芽产生的必需激素是 6-BA。本研究所用的 4 份试材，4 号自交系的再生频率和外植体再生芽数均高于其他品系，分别达到 96.7% 和 4，而且出苗整齐、污染率低，为本研究的最佳基因型。

侯丽霞等[197]将诱导出的不定芽转接到附加不同浓度 KT 的伸长培养基上，研究 KT 对不定芽伸长的影响。结果表明，当 MS+KT 1.5～2.5 mg/L+GA 2.0 mg/L 时，芽的伸长效果和叶片增加量最佳。胡莹等[198]研究诱导不定芽伸长生长以 MS+GA₃2 mg/L+KT 2 mg/L 为最佳，伸长率达 83.33%。研究发现，将丛生芽转接到含有 0.05 mg/L 6-BA 的改良分化培养基上伸长效果最好[111]，与本研究结果一致。此外，本研究发现，分化出的不定芽中有大量的畸形芽，生长发育缓慢，继续培养也不能形成正常植株。

9.2 甜瓜再生过程中生理生化及内源激素的动态变化

在甜瓜不定芽发生过程中伴随着一系列生理生化变化，这些变化在形态转变之前即已发生。本研究发现，在 3 种抗氧化酶中，SOD 活性变化在愈伤组织的早期发生过程中起关键作用；CAT 活性变化对不定芽的诱导发生、后期发育及成熟起主导作用；POD 活性变化在不定芽发生过程中作用不明显；SOD 与 CAT 活性变化有一定相关性，两种抗氧化酶在愈伤组织诱导及不定芽分化、发育过程中分工合作、相互配合。杨和平等[199]试验结果表明，无分化但细胞分裂较旺盛的石刁柏愈伤组织，比虽有分化但细胞分裂不太旺盛的体细胞胚具有更高的 SOD 活力，故认为 SOD 与细胞分裂频率之间有一定相关性。本研究认为，SOD 活性出现的第一次高峰与愈伤组织生长发生有关，与杨和平等的试验结果相似。此外，何梦玲等[200]也认为，SOD 活性的提高与外植体适应新环境后愈伤组织起始生长、增殖有关。

本试验中，在甜瓜子叶节培养前 14 d 内，CAT 与 SOD 的活性变化趋势正好相反。SOD 催化外植体内 O_2 和 H^+ 转化为 H_2O_2，POD 和 CAT 将 H_2O_2 分解为 H_2O 和 O_2。在愈伤组织形成初期，SOD 活性逐渐升高，与此同时，CAT 活性逐渐下降，降低了外植体对 H_2O_2 的分解作用，促进外植体内 H_2O_2 的积累。在愈伤组织生长及 2 号、3 号品系不定芽形成初始阶段，SOD 活性小幅下降，CAT 活性逐渐升高。表明在外植体形成愈伤组织的初始阶段 H_2O_2 含量明显高于后期生长阶段，由此可见，较高浓度的 H_2O_2 对愈伤组织早期发生有促进作用。但在不定芽的发育阶段，较低浓度的 H_2O_2 则对不定芽诱导发生有促进作用。对枸杞体细胞胚发生的研究中认为，一定浓度的 H_2O_2 对枸杞胚性细胞形成和体细胞胚发育有促进作用；过高的 H_2O_2 则有抑制作用[201]，这与本研究结果相似。而对于另外一种抗氧化酶 POD，其主要作用也是清除外植体内的 H_2O_2，协同 SOD、CAT 调节外植体内的 H_2O_2 浓度，但由于 4 个品系变化趋势均没有规律性，因此有待于进一步研究。MDA 含量高低是反映细胞膜脂过氧化作用强弱和质膜破坏程度大小的重要指标[202-203]。本研究发现，MDA 含量在子叶节的培养初期最高，应该与无菌苗接种初期受到创伤有关，此时细胞膜脂过氧化作用加重，导致其细胞膜遭到破坏。

在甜瓜子叶节培养过程中，愈伤组织发生早期可溶性蛋白含量下降，由此推断，在外植体形成愈伤组织时，靠体内储藏的蛋白质降解转化为糖类物质，为愈伤组织进一步生长及不定芽发生提供能量。这与小麦、枸杞体细胞胚发生过程中的蛋白质变化规律相似[204-205]。可溶性蛋白含量的高低及出现时间的不同与甜瓜愈伤组织及不定芽生长有关，也与蛋白质的合成、分泌利用及细胞分裂有关。叶片中光合色素含量的高低是反映植物光合作用能力的一个重要指标。本研究发现，4 个甜瓜品系的叶绿素（叶绿素 a、叶绿素 b、类胡萝卜素、叶绿素总量）含量均呈大幅下降趋势，即在无菌苗时期，叶绿素含量为最高值。表明无菌苗时期光合作用能力最强，而在愈伤组织生长过程中，直到不定芽形成、发育之前，光合能力一直减弱。对于 2 号、3 号品系，在培养 21 d 时出现小高峰，表明不定芽分化时叶绿素含量开始增加，光合作用随之加强。

从本试验不同时期各外植体的 IAA 水平来看，甜瓜子叶节 0 d 保持相对较高的 IAA 水平，有利于形成芽原基，这与前人的观点[206]相同。GA₃ 在形成启动分化时期含量急剧下降，到了中后期含量变化不大。可见，甜瓜形成不定芽前对 GA₃ 的需求量较大，而在不定芽形成后相对平稳，这与 Víctor 等[207]对胡萝卜的试验结果一致。在不定芽诱导中后期，4 号品系 ABA 含量一直保持很低的水平，由此可见，在形成不定芽后 ABA 含量的下降有利于芽的进一步生长。4 号品系 ZR 的含量一直保持较高水平，14 d 时最高，说明较高的 ZR 含量有利于不定芽的诱导，但当芽原基形成后，其需求量也随之降低，只需维持不定芽的生长即可，这与朱丽华等[208]、Zhang 等[209]在大白菜下胚轴、南瓜愈伤组织不定芽发生过程的研究结果相似。

各种生理效应在植物体内是内源激素相互作用的结果，不同种类植物激素的生理效应相互促进或相互拮抗，一种激素的变化往往伴随着多种激素的相应变化，不定芽再生过程中引起形态变化的某一个反应往往是多种激素间综合作用的结果，而不是某一种激素单独作用的结果[44]。本试验结果表明，较易再生的 4 号品系叶片内源 IAA/ZR 的含量一直较低，而 ZR/ABA 在整个再生过程一直保持较高水平，表明较低的 IAA/ZR 比值和较高的 ZR/ABA 比值有利于甜瓜子叶节的再生。IAA/ABA 比值在 0 d 时处在较高水平，而后下降，不同品系间差异不明显。

在植物体内，内部条件和外部培养条件相互作用，结果导致植物体内器官发生形态变化，内源激素的调控是重要因素之一，植物的外源激素需通过对内源激素的调节来控制器官的生长发育，各种植物生长物质的水平都通过影响植物外植体的基因表达而引起器官分化的[210]。本试验只是研究了甜瓜不定芽产生的不同时期内源激素含量和比值与甜瓜再生能力之间的关系，但其激素在分子水平上通过何种途径来调控甜瓜再生的作用机制仍有待深入研究。

9.3　甜瓜遗传转化体系方法的优化

9.3.1　甜瓜子叶节遗传转化体系的优化

试验结果表明，甜瓜自交系对 Km 敏感浓度不同，选择压为 75 mg/L。在

75 mg/L Km 浓度时，对照子叶节外植体不能分化成不定芽，甚至在不定芽产生初期就枯黄至死。同时也发现，在诱导生根的过程中，较高浓度的 Km 再生根抗性筛选，可进一步降低假阳性的出现。

在甜瓜农杆菌介导的组培法遗传转化研究中，为确定适当的 Cef 浓度抑菌使用量，就不同浓度的头孢霉素对子叶节不定芽生长的影响进行了梯度试验，发现 Cef 对子叶节不定芽生长有抑制作用，经筛选确定，培养基中头孢霉素的致死浓度为 500 mg/L。在后续试验中逐步降低 Cef 的浓度，直至农杆菌完全被去除，需要注意的是转化体上经常会携带微量的农杆菌，在确保农杆菌完全被去除前，不能大幅度降低 Cef 的使用浓度。

Southern blot 杂交分析时，探针灵敏度及基因组 DNA 的总量对杂交成功与否极为关键。在本试验中，以标记基因质粒作为探针，因其灵敏度高，故为杂交提供了行之有效的工具；关于部分转化植株驯化过程中出现花打顶现象，这在其他甜瓜转化研究中也有报道，究其原因可能是本研究选用了甜瓜自交系材料，受到转化过程中添加激素的影响。

9.3.2 花粉管通道法遗传转化体系的建立

花粉管通道法仅适用于开花植物，是一种不用植物细胞组织培养的遗传转化体系，受受体基因型的限制很小，转化效率较高，具有传统育种和遗传工程相结合的优势。虽然有关花粉管通道法遗传转化在分子水平上的报道还不多，但它仍是人们可采用的转化手段之一。目前，在我国推广面积最大的转基因抗虫棉就是用花粉管通道法培育出来的[211]。樊继德等[212]利用子房注射法将甜瓜反义酸性转化酶基因导入厚皮甜瓜自交系果实中，330 株甜瓜转化植株中有 2 株为阳性转基因植株，转化率为 0.6%。王浩波等[213]采用子房注射法将南瓜总 DNA 导入西瓜，经病圃田间筛选和 6 代自交纯化，已获得 5 份稳定西瓜新材料。张文珠等[214]利用子房注射法将抗虫基因转入黄瓜中，坐果率为 65.2%，转化率为 0.11%。本试验在甜瓜授粉 24 h 后进行子房注射，在刚刚开始受精作用时，注入的外源质粒 DNA 在胚囊的吸取作用下完成双受精，从而可以使外源基因更好地整合到甜瓜基因组中。在试验中，注射后也出现化瓜和单瓜种子较少的现象，本试验中共处理了 50 朵花，T_0 获得 9 个果实，在检测的 9 个果实种子中，经 Km 抗性筛选出 1 株株系，经 PCR 筛选，最后收获 T_1 代 4 株转基因植株果实。

本研究表明，该方法特别适合甜瓜类作物的转化，因甜瓜花器官相对较大、易于操作，甜瓜子房为多胚珠大子房，处理一朵花可获得大量种子。但子房注射法也有一定的局限性，仅能用于开花植物，且只有在花期可以进行转育。

9.3.3 茎尖法转化体系的建立

随着植物基因工程的发展，农杆菌介导的茎尖转基因方法的出现使得转基因技术有了较大突破。茎尖不定芽方法与其他转基因方法相比较，要求环境低、周期短、效率高，可以在较短时期内获得大量的转化植株，创造大量的突变株，对植物功能基因组的研究意义重大。

在甜瓜遗传转化过程中，从外植体的选择，到染菌除菌、褐化、继代、筛选等各个环节也都影响最终的转化效率等。与其他方法相比，茎尖不定芽转基因方法最大限度地保持了甜瓜植株的完整性，依赖其自身植株的正常生长，考虑到根对激素敏感等问题，要注意激素的配比情况，从而达到获得转化植株的目的，整个转化过程脱离了植物组织培养条件下各种因素的限制。用农杆菌介导的茎尖转基因侵染方法进行转化时，考虑到湿度和光照对转化细胞组织分化的影响，本研究对处理后的植株进行遮光保湿，保证适宜的湿度条件。本研究建立的转化方法受甜瓜基因型限制小，在整个转化周期，从植株侵染到收获种子，只需 3～4 个月，40～50 d 后可进行 PCR 检测，T_0 代结瓜率高。但此方法的局限在于不定芽的再生途径起源于茎尖多细胞，在后代筛选过程中费时费力，所以要逐渐淘汰嵌合的植株，尽量减少后期工作量。

9.4 3 种遗传转化方法的优缺点比较

甜瓜的遗传转化技术目前仍不是很完善的。Fang 等对菌液浓度、侵染时间、共培养时间进行了比较，对共培养时间对转化的影响和转化体的筛选方法进行了研究[100]。本研究通过研究子叶节外植体的高频再生体系，建立了可操作性强和适合规模化转化的外植体再生体系。通过子叶节外植体进行转化，转化效率在 2% 左右。得出的结论是，子叶节作为外植体，无论是转化频率和转化时间都优于子叶。这是本研究建立农杆菌组培法转化体系的最大优点。而花粉管通道法又受到花期和花器的限制。

目前，还没有甜瓜茎尖不定芽转化基因方面的报道。本研究对此方法的一些影响因素进行了研究，初步建立了甜瓜茎尖转基因技术。在已优化的茎尖法转化甜瓜的技术措施上可以考虑改进，还需深入探讨甜瓜茎尖遗传转化机制。

9.5 甜瓜性别相关基因的克隆及功能验证

根据转录组测序结果，采用同源序列克隆的方法，分别从甜瓜中克隆获得一条具有完整阅读框的 *CmACS3* 基因序列，二者核苷酸序列 98％相同，该序列编码区长度为 1 446 bp，编码 481 个氨基酸。对 *CmACS3* 基因 cDNA 所推导的氨基酸序列，其二级结构具有比较多的无规则卷曲，证明这种蛋白质生化性质不稳定、较易变性。为了验证该基因功能，构建植物表达载体，进行遗传转化。研究结果表明，转基因植株营养生长正常，完全花花药上花粉量少、不易坐果。花粉离体萌发试验结果表明，转基因花粉萌发率低，这可能是该基因作用的结果。

有关 *CmACS3* 基因的确切功能还需要一系列的辅助试验来加以推断和验证，如 Northern 杂交、功能互补试验。对转基因植物中的基因表达量进一步鉴定，同时进行花粉活力测试，对蜜腺的显微结构进行观察等，有待于对该基因的功能进一步深入探索，从而为揭示甜瓜花器官发育的分子机制提供更多的试验依据。

第十章　结　　论

1. 本试验以 MS 为基本培养基，探讨了甜瓜再生的影响因素。结果表明，甜瓜种子在 1/8MS、16 h 光照/8 h 黑暗的光周期下萌发效果最好；以甜瓜子叶节为外植体，探讨了外植体苗龄、激素组合及浓度对甜瓜子叶节再生的影响。对于本研究所用的 4 份试材，诱导甜瓜品系 M‑23 子叶节产生不定芽的最适激素水平为 6‑BA 1 mg/L＋IAA 0.01 mg/L，伸长培养基为 0.05 mg/L 6‑BA，生根培养基为 1/2MS。

2. 在甜瓜不定芽再生过程中，结果表明，可溶性糖、蛋白质含量是不定芽发生的物质基础和能量基础。SOD 活性变化在愈伤组织的早期发生过程中起关键作用；CAT 活性变化对不定芽的诱导发生、后期发育起主导作用；POD 活性变化在不定芽发生过程中作用不明显；SOD 与 CAT 活性变化有一定相关性，两种抗氧化酶在愈伤组织诱导及不定芽分化、发育过程中分工合作、相互配合。4 个甜瓜品系的叶绿素含量均呈现大幅下降的趋势，表明无菌苗时期光合作用能力最强。较高的 ZR 含量有利于不定芽的诱导，激素较低的 IAA/ZR 比值和较高的 ZR/ABA 比值有利于甜瓜子叶节的再生。

3. 在建立子叶节高频再生体系的基础上，优化了农杆菌介导甜瓜子叶节遗传转化体系。筛选抗性芽的 Km 选择压、Cef 等因素对遗传转化的影响。确定出甜瓜自交系 M‑23 筛选抗性芽的 Km 浓度为 75 mg/L，预培养 2 d，用 OD_{600} 为 0.5 的工程菌液侵染 10 min，转化率为 2.25%。

4. 优化了花粉管通道法遗传转化体系，确定了其转化的最佳时间为授粉后 24 h，甜瓜自交系 M‑23 种子 Km 临界筛选浓度为 1 200 mg/L；对转基因植株进行 PCR 检测，获得 4 株阳性植株。

5. 根据甜瓜茎尖能再生分化的特点，建立茎尖不定芽遗传转化体系，优化了转化流程中的各项参数。确定出甜瓜自交系 M‑23 筛选抗性苗的 Cef 浓度为 6 000 mg/L，茎尖产生不定芽的激素浓度为 6‑BA 1.5 mg/L，每天滴

1 次侵染液，转化率为 8%。

6. 从雌雄异花同株甜瓜中克隆获得 1 条具有完整阅读框的 *CmACS3* 基因序列，全长 1 865 bp，该序列编码区长度为 1 446 bp，编码 492 个氨基酸，采用茎尖法进行遗传转化。功能分析表明，转基因植株雌蕊生长正常，完全花花药上花粉量少，花粉畸形，经花粉离体萌发试验发现，花粉萌发率较正常植株减少。

参考文献

[1] 张大力. 甜瓜子叶愈伤组织的培养和植株的再生 [J]. 陕西师范大学学报，1984（2）：81-84.

[2] 唐定台，张静兰，徐桂芳，等. 植物激素对哈密瓜（*Cucumis melo* L.）子叶形成愈伤组织和植株再生的作用 [J]. 植物学报，1980，2（22）：132-135.

[3] Dirks R，Van B M. *In vitro* plant regeneration from leaf and cotyledon explants of *Cucumis melo* L. [J]. Plant Cell Rep.，1989（7）：626-627.

[4] Niedz R P，Schiller S S，Dunbar K B，et al. Factors influencing shoot regeneration from cotyledonary explants of *Cucumis melo* L. [J]. Plant Cell Tiss Org，1989，18（3）：313-319.

[5] 尹俊，徐妙云，贾小平，等. 河套蜜瓜体胚发生及植株再生的研究 [J]. 园艺学报，2000，27（6）：455-457.

[6] 王建设，陈杭. 甜瓜再生芽高效诱导方法的研究 [J]. 园艺学报，1999，26（5）：339-340.

[7] 蔡润，黄伟华，潘俊松，等. 甜瓜子叶离体培养直接再生不定芽的形态学和解剖学观察 [J]. 武汉植物学研究，2002，20（5）：33-34.

[8] 陈千红，管和. 外源激素诱导甜瓜下胚轴愈伤组织的效应 [J]. 华东师范大学学报（自然科学版），1989（2）：92-99.

[9] 肖守华，赵善仓，王崇启，等. 厚皮甜瓜高效再生体系的建立 [J]. 山东农业科学，2007（4）：35-38.

[10] 师桂英，徐秉良，薛应柱. 厚皮甜瓜黄河蜜植株再生研究 [J]. 兰州大学学报（自然科学版），2006，42（5）：48-51.

[11] 赵月玲，夏海武. 甜瓜组织培养和快速繁殖 [J]. 植物生理学通讯，1999（10）：377.

[12] 夏海武，马秀兰，万永霞. 甜瓜组织培养与快速繁殖的研究 [J]. 山东农业科学，2001（2）：23-24.

[13] 陶兴林，黄永红，赵长增，等. 厚皮甜瓜品种离体培养再生植株能力的基因型差异研究 [J]. 果树学报，2005，22（3）：252-255.

[14] 毛娟，陈大鹏，赵长增. 黄河蜜 3 号高效再生体系的建立 [J]. 甘肃农业大学学报，2010，2（45）：63-68.

［15］ 孔维萍，程鸿. 薄皮甜瓜高效再生体系的建立［J］. 北方园艺，2012（2）：132－133.

［16］ Wu Huiwen，Tsong Ann Yu，Joseph A J Raja，et al. Generation of transgenic oriental melon resistant to Zucchini yellow mosaic virus by an improved cotyledon cutting method ［J］. Plant Cell Rep. ，2002（8）：1053－1064.

［17］ Akasaka－Kennedy Y，Tomita K，Ezura H. Efficient plant regeneration and *Agrobacterium*－mediated transformation via somatic embryogenesis in melon（*Cucumis melo* L. ）［J］. Plant Sci. ，2004，166（3）：763－769.

［18］ Abdollahi H，Muleo R，Rugini E. Optimisation of regeneration and maintenance of morphogenic callus in pear（*Pyrus communis* L. ）by simple and double regeneration techniques［J］. Sci Hortic－Amsterdam，2006，108（4）：352－358.

［19］ Rhimi A，Hernould M，Boussaid M. *Agrobacterium*－mediated transformation of Tunisian *Cucumis melo* cv. Maazoun［J］. Afr. J. Biotechnol. ，2007，6（18）.

［20］ Chovelon V，Restier V，Dogimont C，et al. Histological study of shoot organogenesis in melon（*Cucumis melo* L. ）after genetic transformation. Cucurbitaceae 2008［C］. Proc Ⅸ th EUCARPIA mtg on Gene and Breed of Cucurbitaceae，INRA，Avignon，France，2008：21－24.

［21］ Comlekcioglu N，Mendi Y Y，Eldogan S，et al. Effects of different combinations and concentrations of growth regulators and photoperiod on somatic embryogenesis of *Cucumis melo* var. *flexuosus*［J］. Afr. J. Biotechnol. ，2009，8（22）：6228－6232.

［22］ Thiruvengadam M，Rekha k T，Yang C H，et al. High－frequency shoot regeneration from leaf explants through organogenesis in bitter melon（*Momordica charantia* L. ）［J］. Plant Biotechnol. Rep. ，2010（4）：321－328.

［23］ Ntui V O，Chin D P，Nakamura I，et al. An efficient *Agrobacterium tumefaciens*－mediated genetic transformation of "Egusi" melon（*Colocynthis citrullus* L. ）［J］. Plant Cell Tiss Org. ，2010，103（1）：15－22.

［24］ Ficcadenti N，Rotino G. Genotype and medium affect shoot regeneration of melon［J］. Plant Cell Tiss Org. ，1995（40）：293－295.

［25］ Choi J，Kim H，Lee C，et al. Efficient and simple plant regeneration via organogenesis from leaf segment cultures of persimmon（*Diospyros kaki* Thunb. ）［J］. *In Vitro* Cell Dev. Biol. Plant. ，2001（7）：274－279.

［26］ Galperin M，Zelcer A，Kenigsbuch D. High competence for adventitious regeneration in the melon genotypeis controlled by a single dominant locus［J］. HortScience，2003（6）：1167－1168.

［27］ Rhimi A，Fadhel N B，Boussaid M. Plant regeneration via somatic embryogenesis from in vitro tissue culture in two Tunisian *Cucumis melo* cultivars Maazoun and Beji［J］. Plant Cell Tiss Org. ，2006（84）：239－243.

[28] Cogbill S, Faulcon T, Jones G, et al. *Agrobacterium* - mediated genetic transformation of economically important oilseed rape cultivars [J]. Plant Cell Tiss Org. , 2011 (107): 317 - 323.

[29] Boszoradova E, Libantova J, Matusikova I, et al. *Agrobacterium* - mediated genetic transformation of economical important oilseed rape cultivars [J]. Plant Cell Tiss Org. , 2011 (107): 317 - 323.

[30] 崔凯荣, 陈克明, 王晓哲. 植物体细胞胚发生研究的某些现状 [J]. 植物学通报, 1993, 10 (1): 14 - 20.

[31] Young M. Adventitious shoot regeneration from cotyledonary explants of rapid -cycling fast plants of *Brassica rapa* L. [J]. Plant Cell Tiss Org. , 2010 (101): 127 - 133.

[32] Park S Y, Cho H M, Moon H K. Genotypic variation and aging effects on the embryogenic capacity of Kalopanax septemlobus [J]. Plant Cell Tiss Org. , 2011 (105): 265 - 270.

[33] Bell R L, Scorza R, Lomberk D. Adventitious shoot regeneration of pear (*Pyrus* spp.) genotypes [J]. Plant Cell Tiss Org. , 2011 (108): 229 - 236.

[34] Chovelon V, Restier V, Giovinazzo N, et al. Histological study of organogenesis in *Cucumis melo* L. after genetic transformation: Why is it difficult to obtain transgenic plants? [J]. Plant Cell Rep. , 2011 (30): 2001 - 2011.

[35] Murashige T, Skoo F. A revised medium for rapid growth and bioassays with tobacco tissue culture [J]. Physiol Plant, 1962 (15): 473 - 497.

[36] 范双喜. 植物组织培养中胚状体诱导的研究 [J]. 北京农学院学报, 1993, 8 (2): 142 - 146.

[37] 郏艳虹, 熊庆娥. 植物体细胞胚胎发生的研究 [J]. 四川农业大学学报, 2003, 21 (3): 263 - 266.

[38] 邓向东, 耿玉轩, 路子显, 等. 外植体和培养因子对哈密瓜不定芽诱导的影响 [J]. 园艺学报, 1996, 23 (1): 57 - 61.

[39] George E F, Hall M A, De Klerk G J. Somatic embryogenesis plant propagation by tissue culture [M]. Springer Netherlands, 2008: 335 - 354.

[40] Huang W L, Lee C H, Chen Y R. Levels of endogenous abscisic acid and indole - 3 - acetic acid influence shoot organogenesis in callus cultures of rice subjected to osmotic stress [J]. Plant Cell Tiss Org. , 2012, 108 (2): 257 - 263.

[41] Garcìa Martìn G, Manzanera J A, Gonzaìlez - Benito M. Effect of exogenous ABA on embryo maturation and quantification of endogenous levels of ABA and IAA in *Quercus suber* somatic embryos [J]. Plant Cell Tiss Org. , 2005 (80): 171 - 177.

[42] Barreto R, Nieto Sotelo J, Cassab G I. Influence of plant growth regulators and water stress on ramet induction, rosette engrossment, and fructan accumulation in *Agave tequilana* Weber var. Azul [J]. Plant Cell Tiss Org. , 2010 (103): 93 - 101.

［43］ Ivanova M，Van Staden J. Influence of gelling agent and cytokinins on the control of hyperhydricity in *Aloe polyphylla* sp. ［J］. Plant Cell Tiss Org. ，2011（104）：13 – 21.

［44］ Huang W L，Lee C H，Chen Y R. Levels of endogenous abscisic acid and indole – 3 – acetic acid influence shoot organogenesis in callus cultures of rice subjected to osmotic stress ［J］. Plant Cell Tiss Org. ，2012，108（2）：257 – 263.

［45］ Song L Y，Gao F. Changes of endogenous hormones in *Momordica charantia* during *in vitro* culture ［J］. Chinese Bull. Bot. ，2006，23（2）：192 – 196.

［46］ Guis M，Roustan J P，Dogimont C，et al. Melon biotechnology ［J］. Biotechnology & genetic engineering reviews，1998（15）：289 – 311.

［47］ Miehler C H，Baner E O. High frequency somatic embryo genes is from leaf tissue of *Populu* spp. ［J］. Plant Sci. ，1991（77）：111 – 118.

［48］许煜泉，史益敏. 番茄离体子叶培养的形态发生及过氧化物酶的动态［J］. 上海农学院学报，1992，10（2）：121 – 126.

［49］张静兰，唐定台，徐桂芳，等. 防线素 D 和环己亚胺对激素诱导绿豆子叶脱分化及其核酸、蛋白质代谢的作用［J］. 植物学报，1982（24）：433 – 439.

［50］戴均贵，周吉源，华黄茂. 离体形态发生过程中生理生化特性变化的研究［J］. 华中师范大学学报（自然科学版），1997，31（2）：220 – 224.

［51］屈妹存，刘选明. 百合鳞片细胞形态发生中生理生化特性研究［J］. 生命科学研究，1998，2（4）：288 – 294.

［52］ Meratan A A，Ghaffari S M，Niknam V. *In vitro* organogenesis and antioxidant enzymes activity in *Acanthophyllum sordidum* ［J］. Biol. Plant，2009（53）：5 – 10.

［53］ Bat'ková P，Pospíšilová J，Synková H. Production of reactive oxygen species and development of antioxidative systems during *in vitro* growth and *ex vitro* transfer ［J］. Biol. Plant，2008（52）：413 – 422.

［54］ Kairong C，Gengsheng X，Xinmin L，et al. Effect of hydrogen peroxide on somatic embryogenesis of *Lycium barbarum* L. ［J］. Plant Sci. ，1999，146（8）：9 – 16.

［55］黄剑. 水曲柳（*Fraxinus mandshurica* Rupr. ）不定芽发生体系与发育机理的研究［D］. 哈尔滨：东北林业大学，2010.

［56］ Papadakis A K，Siminis C I，Roubelakis – Angelakis K A. Reduced activity of antioxidant machinery is correlated with suppression of totipotency in plant protoplasts ［J］. Plant Physiol. ，2001，126（1）：434 – 444.

［57］ Tian Min，Gu Qing，Zhu Mu Yuan. The involvement of hydrogen peroxide and antioxidant enzymes in the process of shoot organogenesis of strawberry callus ［J］. Plant Sci. ，2003（165）：701 – 707.

［58］ Zhang Shou Gong，Han Su Ying，Wen Hua Yang，et al. Changes in H_2O_2 content and antioxidant enzyme gene expression during the somatic embryo genesis of *Larix leptolepis*

[J]．Plant Cell Tiss Org．，2010（100）：21－29.

[59] Abbasi Bilal Haider，Khan Murad，Guo Bin，et al. Efficient regeneration and antioxidative enzyme activities *Brassica rapa* var. *turnip* [J]．Plant Cell Tiss Org．，2011（105）：337－344.

[60] 王亚馥，王仑山．枸杞组织培养中形态发生的细胞组织学观察 [J]．兰州大学学报，1989，25（4）：88－92.

[61] 庄东红，杜虹．大白菜子叶培养过程中 POD 同工酶和可溶性蛋白质含量的变化 [J]．汕头大学学报，2002，17（1）：65－68.

[62] 崔凯荣，任红旭，邢更妹，等．枸杞组织培养中抗氧化酶活性与体细胞胚发生相关性的研究 [J]．兰州大学学报（自然科学版），1998，34（3）：93－99.

[63] Zhang Bo，Wang Hai Qing，Wang Pei，et al. Involvement of nitric oxide synthase－dependent nitricoxide and exogenous nitric oxide in alleviating NaCl induced osmotic and oxidative stress in *Arabidopsis thaliana* [J]．Afr. J. Agr. Res．，2010，5（13）：1713－1721.

[64] Srivastav M，Kishor A，Dahuja A，et al. Effect of paclobutrazol and salinity onion leakage，proline content and activities of antioxidant enzymes in mango（*Mangiferaindica* L.）[J]．Sci. Hortic－Amsterdam，2010（25）：785－788.

[65] Yue Zhao. Cadmium accumulation and antioxidative defenses in leaves of *Triticum aestivum* L. and *Zea mays* L. [J]．Afr. J. Biotechnol．，2011，10（15）：2936－2943.

[66] 詹园凤，吴震，金潇潇，等．大蒜体细胞胚胎发生过程中抗氧化酶活性变化及某些生理特征 [J]．西北植物学报，2006，26（9）：1799－1802.

[67] 陈陆琴，王关林，李洪艳，等．彩萼石楠的组织培养和快速繁殖 [J]．植物生理学通讯，2005，41（1）：58.

[68] 张良波．屋顶长生草离体培养及其形态发生的细胞学与生理生化变化的研究 [D]．长沙：湖南农业大学，2004.

[69] Pan Z Y，Zhu S P，Guan R，et al. Identification of 2，4－D－responsive proteins in embryogenic callus of Valencia sweet orange（*Citrus sinensis* Osbeck）following osmotic stress [J]．Plant Cell Tiss Org．，2010（103）：145－153.

[70] Ali A，Ahmad T，Abbasi N A，et al. Effect of different concentrations of auxins on *in vitro* rooting of olive cultivar "Moraiolo" [J]．Pak. J. Bot．，2009，41（3）：1223－1231.

[71] Feng J C，Yu X M，Shang X L，et al. Factors influencing efficiency of shoot regeneration in *Ziziphus jujube* Mill. "Huizao" [J]．Plant Cell Tiss Org．，2010（101）：111－117.

[72] 刘涤，迟静芬，刘桂芸．带辛烟草愈伤组织器官发生过程中外源激素的作用 [J]．植物生理学报，1986，12（1）：104－108.

[73] Le Shem B. Polarity and responsive regions for regeneration in the cultured melon cotyledon [J]．J. Plant Physiol．，1989，135（2）：237－239.

[74] 王秀红．水稻不同外植体的组织培养能力及其内源激素分析 [D]．雅安：四川农业大

学，2002.

[75] Aida M，Ishida T，Fukaki H，et al. Genes involved in organ separation in Arabidopsis: an analysis of the cup shaped cotyledon mutant [J]. The Plant Cell，1997，9 (6): 841‒857.

[76] Aida M，Ishida T，Tasaka M. Shoot apical meristem and cotyledon formation during Arabidopsis embryogenesis: interaction among the cup‒shaped cotyledon and shoot meristemless genes [J]. Development，1999，126 (8): 1563‒1570.

[77] Centeno M L，Rodr'guez A，Feito I，et al. Relationship between endogenous auxin and cytokinin levels and morphogenic responses in *Actinidia deliciosa* tissue [J]. Plant Cell Rep.，1996 (16): 58‒62.

[78] Ana E V，Ricardo J O，Belén F，et al. Relationships between hormonal contents and the organogenic response in *Pinus pinea* cotyledons [J]. Plant Physiol. Bioch.，2001 (39): 377‒384.

[79] Wang X H，Shi X Y，Wu X J，et al. The influence of endogenous hormones on culture capability of different explants in rice [J]. Agric. Sci. China，2005，4 (5): 343‒347.

[80] 裴东，郑均宝，凌艳荣，等. 红富士苹果试管培养中器官分化及其部分生理指标的研究 [J]. 园艺学报，1997，24 (3): 229‒234.

[81] 邵继平. 声波刺激对菊花愈伤组织内源激素 IAA 和 ABA 动态变化的实验研究 [D]. 重庆：重庆大学，2003.

[82] 田春英，邵建柱，刘莹，等. 红富士苹果叶片不定芽再生中激素、多胺和 NO 含量的变化 [J]. 园艺学报，2010，37 (9): 1403‒1408.

[83] 林士杰，姜静，冯昕，等. 黑林 1 号杨组培叶片不定根的发生与内外源激素关系的研究 [J]，林业科技，2006，31 (1): 6‒8.

[84] Yoshioka K，Hanada K，Nakazaki Y，et al. Successful transfer of the cucumber mosaic virus coat protein gene to *Cucumis melo* L. [J]. Ikushugaku Zasshi，1992，42 (2): 277‒285.

[85] 孙严，李仁敬，许健. 新疆甜瓜抗黄瓜花叶病毒转基因植株的获得 [J]. 新疆农业科学，1994 (1): 34‒35.

[86] Fang G W，Grumet R. Genetic engineering of potyvirus resistance using constructs derived from the zucchini yellow mosaic virus coat protein gene [J]. Mol. Plant Microbe In.，1993 (6): 358‒367.

[87] Gonsalves C，Xue B，Yepes M，et al. Transferring cucumber mosaic virus‒white leaf strain coat protein gene into *Cucumis melo* L. and evaluating transgenic plants for protection against infections [J]. J. Am. Soc. Hortic. Sci.，1994 (119): 345‒355.

[88] Clough G H，Hamm P B. Coat protein transgenic resistance to watermelon mosaic and zucchini yellow mosaic virus in squash and cantaloupe [J]. Plant Dis.，1995，79 (11): 1107‒1109.

[89] Fuchs M，Mcferson J R，Tricoli D M，et al. Cantaloupe line CZW‐30 containing coat protein genes of cucumber mosaic virus，and watermelon mosaic virus‐2 is resistant to these virusin the field [J]. Mol. Breed，1997，3（4）：279‐290.

[90] 薛宝娣，陈永首，Gonsalves D，等. 转 CP 基因的番茄、南瓜和甜瓜植株的抗病性研究 [J]. 农业生物技术学报，1995，3（2）：58‐63.

[91] 王慧中. 转基因甜瓜植株的获得及其抗病性 [J]. 植物保护学报，2000，27（2）：126‐130.

[92] 姜瑛. 苋菜凝集素基因（ACA）转入甜瓜及其在转基因植物中的表达 [D]. 哈尔滨：东北农业大学，2001.

[93] Moon J G，Choo B K，Hs Doo，et al. Effects of growth regulators on plant regeneration from the cotyledon explant in oriental melon（Cucumis melo L.）[J]. Kor. J. Plant Tissue Cult.，2000（27）：1‐6.

[94] Nora F，Peters J，Schuch M，et al. Melon regeneration and transformation using an apple ACC oxidase antisense gene [J]. Rev. Bras. Agrociencia，2001（7）：201‐205.

[95] Keng C L，Hoong L K. In vitro plantlets regeneration from nodal segments of muskmelon（Cucumis melo L.）[J]. Biotechnology，2005（4）：354‐357.

[96] Nuněz Palenius H G，Cantliffe D J，Huber D J，et al. Transformation of a muskmelon "Galia" hybrid parental line（Cucumis melo L. var. reticulatus Ser.）with an antisense ACC oxidase gene [J]. Plant Cell Rep.，2006（25）：198‐205.

[97] Fan J D，He Q W，Wang X F，et al. Antisense acid invertase（anti‐MAI1）gene alters soluble sugar composition and size in transgenic muskmelon fruits [J]. Acta Hort Sinica，2007（34）：677‐682.

[98] Wu H，Yu T，Raja A，et al. Generation of transgenic oriental melon resistant to zucchini yellow mosaic virus by an improved cotyledon‐cutting method [J]. Plant Cell Rep.，2009（28）：1053‐1064.

[99] Ntui Vo，Thirukkumaran G，Azadi P，et al. Stable integration and expression of was abidefensin gene in "Galia" melon（Colocynthis citrullus L.）confers resistance to Fusarium wilt and Alternaria leaf spot [J]. Plant Cell Rep.，2010（29）：943‐954.

[100] Fang G，Grumet R. Agrobacterium tumefaciens mediated transformation and regeneration of muskmelon plants [J]. Plant Cell Rep.，1990（9）：160‐164.

[101] Ayub R，Bouzayen M，Latché，et al. Expression of ACC oxydase antisense gene in melon [J]. Plant Physiology Science，1995，108（2）：150.

[102] Bordas M，Montesinos C，Dabauza M，et al. Transfer of the yeast salt tolerance gene HAL1 to Cucumis melo L. cultivars and in vitro evaluation of salt tolerance [J]. Transgenic Res.，1997，6（1）：41‐50.

[103] 李天然，张治中，张鹤龄，等. 番茄 ACC 合酶反义基因对河套蜜瓜的转化 [J]. 植

物学报，1999，41（2）：142－145.

[104] 杨甲定，钟文海.ACC 脱氨酶基因转化白兰瓜的初步研究［J］.西北植物学报，2002，22（5）：1044－1049.

[105] 李晓荣，廖康，王惠，等.哈密瓜转化植株的获得及移栽研究［J］.新疆农业大学学报，2003，26（2）：29－33.

[106] 葛屹松，赵晓琴，李冠.新疆甜瓜组培体系的优化及抗病转基因研究［J］.新疆大学学报（自然科学版），2003，20（1）：55－58.

[107] 肖守华.西瓜、甜瓜遗传转化体系的建立及转基因植株的抗病性分析［D］.泰安：山东农业大学，2006.

[108] 颜雪.根癌农杆菌介导 R-Fom-2 基因转化新疆甜瓜的研究［D］.乌鲁木齐：新疆大学.2008.

[109] 程鸿.甜瓜 APX 和 Mol 基因的克隆及功能研究［D］.泰安：山东农业大学，2009.

[110] Wu H W, Yu T A, Raja J A J, et al. Generation of transgenic oriental melon resistant to zucchini yellow mosaic virus by an improved cotyledon－cutting method［J］.Plant Cell Rep.，2009，28（7）：1053－1064.

[111] Choi Jun Young, Shin Jeong Sheop, Chung Young Soo, et al. An efficient selection and regeneration protocol for *Agrobacterium*－mediated transformation of oriental melon (*Cucumis melo* L. var. *makuwa*)［J］.Plant Cell Tiss Org.，2012（110）：133－140.

[112] Ren Y, Bang H, Curtis I S, et al. *Agrobacterium*－*mediated* transformation and shoot regeneration in elite breeding lines of western shipper cantaloupe and honeydew melons (*Cucumis melo* L.)［J］.Plant Cell Tiss Org.，2012，108（1）：147－158.

[113] Hess D. Pollen－based techniques in genetic manipulation［J］.International review of cytology，1987（107）：367－395.

[114] 谢道听，范云六，倪万潮，等.苏云金芽孢杆菌（*Bacillus thuringiensls*）杀虫晶体蛋白基因导入棉花获得转基因植株［J］.中国科学 B 辑，1991（4）：367－373.

[115] 关淑艳，张健华，柴晓杰，等.花粉管通道法将淀粉分支酶基因反义表达载体转入玉米自交系的研究［J］.玉米科学，2005，13（4）：13－15.

[116] 张慧英，冯锐，吕平，等.外源 DNA 直接导入甜玉米自交系后代性状变异［J］.中国农学通报，2006，22（9）：186－188.

[117] 丁国华，徐仲，朱祥春，等.花粉管通道法导入抗赤星病烤烟总 DNA D_1 代性状变异的研究［J］.东北农业大学学报，2000，31（2）：173－179.

[118] Hao J, Niu Y, Yang B, et al. Transformation of a marker free and vector free antisense ACC oxidase gene cassette into melon via the pollen tube pathway［J］.Biotechnol. Lett.，2011，33（1）：55－61.

[119] Schmidt A. Histologische studien an phanerogamen vegetation spunk［J］.Bot. Archiv.，1924，34（9）：345－404.

[120] Foster A S Zonal. Structure and growth of the shoot apex in *Microcycas calocoma* (Miq.) A. DC [J]. American Journal of Botany, 1943：56 - 73.

[121] Zhang S, Cho M J, Koprek T, et al. Genetic transformation of commercial cultivars of oat (*Avena sativa* L.) and barley (*Hordeum vulgare* L.) using *in vitro* shoot meristematic cultures derived from germinated seedlings [J]. Plant Cell Rep., 1999 (18)：959 - 966.

[122] 吴敬音，朱卫民，余建民，等. 陆地棉（*G. hirsutum* L.）茎尖分生组织培养及其在基因导入上的应用 [J]. 棉花学报，1994，6（2）：89 - 92.

[123] 朱卫民，吴敬音，余建民，等. 棉花茎尖分生组织在微粒轰击法转化中的应用 [J]. 江苏农业学报，1998，14（2）：74 - 79.

[124] Gould J H, Magallanes - Cedeno M. Adaptation of cotton shoot apex culture to *Agrobacterium* - mediated transformation [J]. Plant Mol. Biol. Rep., 1998 (16)：283.

[125] Morre J L, Permingeat H R, Romagnoli M V, et al. Multiple shoot induction and plant regeneration from embryonic axes of cotton [J]. Plant Cell Tiss Org., 1998, 54 (3)：131 - 136.

[126] Zapata C, Srivatanakul M, Park S H, et al. Improvements in shoot apex regeneration of two fiber crops：cotton and kenaf [J]. Plant Cell Tiss Org., 1999, 56 (3)：185 - 191.

[127] 刘明月，左开井. 农杆菌介导棉花茎尖遗传转化体系优化 [J]. 上海交通大学学报（农业科学版），2011，29（2）：25 - 31.

[128] 雷江荣，王冬梅，邵林，等. 农杆菌法转化茎尖获得转 *SNC1* 基因棉花及其 T1 植株对棉花枯萎病的抗性 [J]. 分子植物育种，2010（8）：252 - 258.

[129] Tafvizi F, Farahanei F, Sheidai M, et al. Effects of zeatin and activated charcoal in proliferation of shoots and direct regeneration in cotton (*Gossypium hirsutum* L.) [J]. Afr. J. Biotechnol., 2009 (8)：6220 - 6227.

[130] 邵宏波. 高等植物性别分化研究的某些进展 [J]. 武汉植物学研究，1994，12（1）：185 - 194.

[131] 陈学好. 黄瓜花性别分化的生理学研究 [D]. 杭州：浙江大学，2001.

[132] Juarez C, Ann Banks J. Sex determination in plants [J]. Current Opinion in Plant Biology, 1998, 1 (1)：68 - 72.

[133] 斋藤隆. 瓜类花性的分化（上）[M]. 北京：农业出版社，1982.

[134] 陈学好，陈艳萍，金银根. 黄瓜性器官败育的细胞学研究 [J]. 兰州大学学报（农业与生命科学版），2003，2（24）：68 - 71.

[135] 李计红. 甜瓜性别分化的生理生化特性研究 [D]. 兰州：甘肃农业大学，2006.

[136] 王强，张建农，李计红. 甜瓜性别分化的显微结构观察 [J]. 甘肃农业大学学报，2009（6）：79 - 84.

[137] Coen E S, Meyerowitz E M. The war of the whorls: Genetic interactions controlling flower development [J]. Nature, 1991 (353): 31 - 37.

[138] Weigel D, Meyerowitz E M. The ABCs of floral homeotic genes [J]. Cell, 1994 (78): 203 - 209.

[139] Eckardt N A. MADS Monsters: Controlling floral organ identity [J]. Plant Cell, 2003 (15): 803 - 805.

[140] Angenent G C. Molecular control of ovule development [J]. Trends Plant Sci., 1996 (1): 228 - 232.

[141] Ferrario S, Immink R G H, Shchennikova A, et al. The MADS box gene FBP2 is required for SEPALLATA function in Petunia [J]. Plant Cell, 2003 (15): 914 - 925.

[142] Delong A, Urrea A C, Dellaporta S L. Sex determination gene Tassel seed 2 of maize encodes a short chain alcohol dehydrogenase required for stage specific floral organ abortion [J]. Cell, 1993 (74): 757 - 768.

[143] Chuck G. Molecular mechanisms of sex determination in monoecious and dioecious plants [J]. Adv. Bot. Res., 2010 (54): 53 - 83.

[144] Irish E E, Langdale J A, Nelson T. Interactions between sex determination and inflorescence development loci in maize [J]. Devel. Genet., 1994 (15): 155 - 171.

[145] Urrea A C, Dellaporta S L. Cell death and cell protection genes determine the fate of pistils in maize [J]. Development, 1999 (126): 435 - 441.

[146] Malepszy S, Niemirowicz Szczytt K. Sex determination in cucumber (*Cucumis sativus* L.) as a model system for molecular biology [J]. Plant Sci., 1991 (80): 39 - 47.

[147] 陶倩怡. 黄瓜单性花决定基因 M 的功能分析 [M]. 上海: 上海交通大学, 2010.

[148] 陈惠明, 卢向阳, 刘晓虹, 等. 两个新发现的黄瓜性别决定基因遗传规律的研究 [J]. 园艺学报, 2005, 32 (5): 895 - 898.

[149] Terefe D, Tatlioglu T. Isolation of a partial sequence of a putative nucleotide sugar epimerase, which may involve in stamen development in cucumber (*Cucumis sativus* L.) [J]. Theor. Appl. Genet., 2005, 111 (7): 1300 - 1307.

[150] Li Zheng, Huang Sanwen, Liu Shiqiang, et al. Molecular isolation of the M gene suggests that a conserved residue conversion induces the formation of bisexual flowers in cucumber plants [J]. Genetics, 2009 (182): 1381 - 1385.

[151] 陶倩怡, 李征, 何欢乐, 等. 黄瓜单性花决定基因 M 的表达分析 [J]. 遗传, 2010, 40 (1): 1 - 12.

[152] Tanurdzic M, Banks J A. Sex determining mechanisms in land plant [J]. Plant Cell, 2004 (16): S16 - S71.

[153] Pierce L K, Wehner T C. Review of genes and linkage groups in cucumber [J]. Hort. Sci., 1990 (25): 605 - 615.

［154］Poole C F, Grimball P C. Inheritance of new sex forms in melon (*Cucumis melo* L.) ［J］. Hered, 1939 (30): 21 - 25.

［155］Martin A, Troadec C, Boualem A, et al. A transposon induced epigenetic change leads to sex determination in melon ［J］. Nature, 2009 (461): 1134 - 1139.

［156］Rosa J T. The inheritance of flower types in *Cucumis* and *Citrullus* ［M］. Hilgardia, 1928 (3): 235 - 250.

［157］Wall J R. Correlated inheritance of sex expression and fruit shape in *Cucumis* ［J］. Euphytica, 1967 (16): 199 - 208.

［158］Rowe P R. The genetics of sex expression and fruit shape, staminate flower induction, and F_1 hybrid feasibility of gynoecious muskmelon ［D］. East lansing Michigan State University, 1969.

［159］Kubicki B. Inheritance of some characters in muskmelon (*Cucumis melo* L.) ［J］. Genet, 1969 (3): 265 - 274.

［160］Kenigsbuch D, Cohen Y. The inheritance of gynoecy in muskmelon ［J］. Genome, 1990 (33): 317 - 320.

［161］Zalapa J E. Inheritance and mapping of plant architecture and fruit yield in melon (*Cucumis melo* L.) ［D］. Madison: University of Wisconsin, 2005.

［162］Pitrat M. Gene list for melon ［J］. Cucurbit Genet Coop Rep. , 2002 (25): 76 - 93.

［163］Soon O Park, Kevin M Crosby, Rongfeng Huang, et al. Identification and confirmation of RAPD and SCAR markers linked to the ms - 3 gene controlling male sterility in melon (*cucumis melo* L.) ［J］. J. Am. Soc. Hortic. Sci. , 2004 (129): 819 - 825.

［164］Silberstein L, Kovalski I, Brotman Y, et al. Linkage map of *Cucumis* melo including phenotypic traits and sequence characterized genes ［J］. Genome, 2003, 46 (5): 761 - 773.

［165］张桂芬，李计红，张建农. 甜瓜雄全同株和雌雄异花同株的 RAPD 标记 ［J］. 甘肃农业大学学报，2011 (3): 35 - 37.

［166］Noguera F J, Capel J, Alvarez J I, et al. Development and mapping of a codominant SCAR marker linked to the andromonoecious gene of melon ［J］. Theor. Appl. Genet, 2005, 110 (4): 714 - 720.

［167］Fei Shi Luan, Yun Yan Sheng, Yu Han Wang, et al. Performance of melon hybrids derived from parents of diverse geographic origin ［J］. Euphytica, 2010, 1 (7): 1 - 16.

［168］张慧君，王学征，栾非时，等. 甜瓜性别分化的研究进展 ［J］. 园艺学报，2012，39 (9): 1773 - 1780.

［169］路绪强，马鸿艳，刘宏宇，等. 控制甜瓜雄花分化基因的遗传分析及初步定位 ［J］. 东北农业大学学报，2010，41 (7): 51 - 55.

［170］刘威，盛云燕，马鸿艳，等. 甜瓜雄全同株与纯雌株基因遗传分析及初步定位 ［J］. 中国蔬菜，2010，(4): 24 - 30.

［171］ 高美玲，朱子成，高鹏，等. 甜瓜重组自交系群体 SSR 遗传图谱构建及纯雌性基因定位［J］. 园艺学报，2011，38（7）：1308 - 1316.

［172］ Hui Feng, Xiao Ming Li, Zhi Yong Liu, et al. A codominant molecular marker linked to the monoecious gene *CmACS7* derived from gene sequence in *Cucumis melo* L. ［J］. Afr. J. Biotechnol. , 2009, 8（14）：3168 - 3174.

［173］ Boualem A, Fergany M, Fernandez R, et al. A conserved mutation in an ethylene biosynthesis enzyme leads to andromonoecy in melons［J］. Science, 2008，（321）：836 - 838.

［174］ Yang S F, Hoffmann N E. Ethylene biosynthesis and its regulation in higher plants ［J］. Annual Review of Plant Physiology, 1984（35）：155 - 189.

［175］ Takahshih Suge H. Sex expression and ethylene production in cucumber plants as affected by 1 - amino - cyclopropane - 1 - carboxylicacid［J］. J. Am. Soc. Hortic. Sci. , 1982（51）：51 - 55.

［176］ Kende H. Ethylene biosynthesis［J］. Annu. Rev. Plant Biol. , 1993，44（1）：283 - 307.

［177］ Alvarez J. Effect of sowing date on ethephon caused feminization in muskmelon［J］. J. Hortic. Sci. Biotech. , 1989，64（5）：639 - 642.

［178］ Papadopoulou E, Little H A, Hammar S A, et al. Effect of modified endogenous ethylene production on sex expression, bisexual flower development and fruit production in melon（*Cucumis melo* L.）［J］. Sex Plant Report, 2005（18）：131 - 142.

［179］ Holly L, Ekaterina P, Sue H, et al. The influence of ethylene perception on sex expression in melon（*Cucumis melo* L.）as assessed by expression of the mutantethylene receptor, *At - etr1 - 1*, under the control of constitutive and floral targeted promoters ［J］. Sex Plant Report, 2007（20）：123 - 136.

［180］ 李晓明，魏宝东，刘爱群，等. 乙烯利诱导雄全同株甜瓜形成雌花［J］. 中国蔬菜，2010（4）：67 - 70.

［181］ Chernys J T, Zeevaartj A D. Characterization of the 9 - cis - expoxycarotenoid dioxygenase gene family and the regulation of abscisic acid biosynthesis in avocado［J］. Plant Physiol. , 2000（124）：343 - 354.

［182］ Oeller P W, Lu M W, Taylor L P, et al. Reversible inhibition of tomato fruit senescence by antisence RNA［J］. Science, 1991（254）：437 - 439.

［183］ Rottmann W H, Peter G F, Oeller P W, et al. 1 - Aminocyclopropane - 1 - carboxylate synthase in tomato is encoded by a multigene family whose transcription is induced during fruit and floral senescence［J］. J. Mol. Biol. , 1991（222）：937 - 961.

［184］ Yip W K, Moore T, Yang S F. Differential accumulation of transcripts for four tomato 1 - aminocyclopropane - 1 - carboxylate synthase homologs under various conditions ［J］. Proc. Nat. Acad. Sci. USA, 1992（89）：2475 - 2479.

［185］ Nakatsuka A, Murachi S, Okunishi H, et al. Differential expression and internal feedback regulation of 1 - aminocyclopropane - 1 - carboxylate synthase, 1 - aminocyclopropane - 1 - carboxylate oxidase, and ethylene receptor genes in tomato fruit during development and ripening [J]. Plant Physiol., 1998 (118): 1295 - 1305.

[186] Lin Z F, Zhong S L, Grierson D. Recent advances in ethylene research [J]. J. Exp. Bot., 2009 (60): 3311 - 3336.

[187] Yamagami T, Tsuchisaka A, Yamada K, et al. Biochemical diversity among the 1 - amino- cyclopropane - 1 - carboxylate synthase isozymes encoded by the *Arabidopsis* gene family [J]. J. Biol. Chem., 2003 (278): 49102 - 49112.

[188] Tsuchisaka A, Theologis A. Unique and overlapping expression patterns among the *Arabidopsis* 1 - amino - cyclopropane - 1 - carboxylate synthase gene family members [J]. Plant Physiol., 2004 (136): 2982 - 3000.

[189] Peng H P, Lin T Y, Wang N N, et al. Differential expression of gene encoding 1 - amino - cyclopropane - 1 - carboxylate synthase in *Arabidopsis* during hypoxia [J]. Plant Mol. Biol., 2005 (58): 12 - 25.

[190] Fujii N, Kamada M, Yamasaki S. Differential accumulation of Aux/IAA mRNA during seedling development and gravity response in cucumber (*Cucumis sativus* L.) [J]. Plant Mol. Biol., 2000, 42 (5): 731 - 740.

[191] Rudich J, Halevy A H. Involvement of abscisic acid in the regulation of sex expression in the cucumber [J]. Plant Cell Physiol., 1974, 15 (4): 635 - 642.

[192] Evelyn A Havir, Neil A, et al. Biochemical and developmental characterization of multiple forms of catalase in tobacco leaves [J]. Plant Physiol., 1987, 84 (2): 450 - 455.

[193] 张志良. 植物生理学实验指导 [M]. 3 版. 北京：高等教育出版社，2003.

[194] Feishi Luan, Isabelle Delannay, Jack E Staub. Chinese melon (*Cucumis melo* L.) diversity analyses provide strategies for germplasm curation, genetic improvement, and evidentiary support of domestication patterns [J]. Euphytica, 2008 (164): 445 - 461.

[195] 陶兴林，黄永红，陆璐，等. 2 个甜瓜品种高效再生体系的建立 [J]. 西北植物学报，2005，25 (4): 806 - 811.

[196] 张若纬，顾兴芳，王烨，等. 不同黄瓜基因型子叶再生体系的建立 [J]. 华北农学报，2010，25 (增刊): 50 - 54.

[197] 侯丽霞，何启伟，赵双宜，等. 薄皮甜瓜自交系高效组织培养技术的研究 [J]. 山东农业科学，2006 (4): 7 - 10.

[198] 胡莹，冷平，王福军，等. 京玉 1 号甜瓜高效再生体系的建立 [J]. 中国农业大学学报，2009，14 (1): 99 - 103.

[199] 杨和平，程井辰，周吉源，等. 石刁柏体细胞胚胎发生过程中超氧物歧化酶活性的变化 [J]. 植物学报，1993，35 (6): 490 - 493.

[200] 何梦玲，周吉源. 不同光照对喜树细胞培养生长和生理生化特性的影响 [J]. 华中

师范大学学报，2002，36（4）：489-493.

[201] Cui K R，Xing G S，Liu X M，et al. Effect of hydrogen peroxide on somatic embryo-genesis of *Lycium barbarum* L.［J］. Plant Sci. ，1999，146（1）：9-16.

[202] 商庆梅，秦智伟，周秀艳. 黄瓜植株衰老过程中根系内生理生化指标变化［J］. 东北农业大学学报，2010，41（9）：27-30.

[203] Manuel B，David A Dalton，Jose F M，et al. Reactive oxygen species and antioxidants in legume nodules［J］. Acta. Physiol. Plant，2000，109（4）：372-381.

[204] 邱全胜，敬兰花，杨成德，等. 小麦体细胞胚胎发生过程中核酸和可溶性蛋白质的变化［J］. 西北植物学报，1992，12（4）：253-258.

[205] 戴若兰，张玮，邢更生，等. 枸杞体细胞胚发生中蛋白质代谢动态的立体计量［J］. 西北植物学报，1999，19（2）：266-269.

[206] Ali A，Ahmad T，Abbasi N A，et al. Effect of different concentrentrations of auxins on *in vitro* rooting of olive cultivar "moralolo"［J］. Pak. J. Bot. ，2009，41（1）：1223-1231.

[207] Víctor M Jiménez，Fritz Bangerth. Endogenous hormone levels in explants and in embryogenic and non-embryogenic cultures of carrot［J］. Acta. Physiol. Plant，2001（111）：389-395.

[208] 朱丽华，张彩琴，盛小光，等. 大白菜下胚轴不定芽再生过程中内源激素和多胺含量的变化［J］. 福建农业学报，2008，21（2）143-146.

[209] Yafeng Zhang，Jiehong Zhou，Tao Wu，et al. Shoot regeneration and the relationship between organogenic capacity and endogenous hormonal contents in pumpkin［J］. Plant Cell Tiss Org. ，2008（93）：323-331.

[210] 王克臣. 亚麻离体再生及早期体细胞胚胎发生机理的研究［D］. 哈尔滨：东北农业大学，2008.

[211] 马雄风. 苎麻抗虫基因遗传转化研究［D］. 北京：中国农业科学院研究生院，2009.

[212] 樊继德，何启伟，王秀峰，等. 甜瓜反义酸性转化酶基因对甜瓜的遗传转化［J］. 园艺学报，2007，34（3）：677-682.

[213] 王浩波，林茂，杨坤，等. 导入南瓜 DNA 选育抗枯萎病西瓜新种质的研究［J］. 西北农业学报，2002，11（1）：24-27.

[214] 张文珠，魏爱民，杜胜利，等. 黄瓜农杆菌介导法与花粉管通道法转基因技术［J］. 西北农业学报，2009，18（1）：217-220.

第三篇　甜瓜抗白粉病全雌系的创制及产业化应用

第十一章 文献综述

11.1 植物性别的研究进展

在漫长的进化过程中，植物通过性别分化形成了性别上的差异[1]。单花有3种性别表现类型。雄花：花内只具有雄蕊；雌花：花内只具有雌蕊；两性花（完全花）：花内既有雄蕊又有雌蕊[2]。对于单株来说，存在7种表现类型。雄株：全株只有雄花；雌株：全株只有雌花；两性花株：全株只有两性花；雌雄同株：同一株上既有雄花又有雌花；雄花两性花同株：同一株上既有雄花又有两性花；雌花两性花同株：同一株上有雌花和两性花；三性同株：同一株上有雄花、雌花和两性花[3]。在自然界中，两性花植物约占72%，雌雄单性同株或雌雄单性异株植物仅占4%～7%[4]。

植物的性染色体分为单纯型和复合型两种。单纯型包括XY型、ZW型和XO型，复合型包括XnY型、XYn型和XnYn型等。葡萄、白麦瓶草等植物为XY型，它们的Y染色体雄性活化作用都十分强烈[5-6]。白麦瓶草是典型的性别分化研究材料，其XY型为雄性，XX型为雌性。研究发现，白麦瓶草Y染色体缺失一条臂时，会出现两性花；而缺失另一条臂时，则会出现无性别的植株。这说明其Y染色体中的一条臂会抑制雄蕊的发育，而另一条臂会促进雄性发育，在这条臂上至少携带两个性别决定基因[7]。ZW与XY性别决定系统相反，雌性为ZW基因型，雄性为ZZ基因型。如草莓属于ZW型[8]，在XO性别决定系统中，由于雄性个体中Y染色体缺失，所以比雌性个体少1条染色体，这种类型为XO型，而雌性体的性染色体仍为XX，如秦椒和薯蓣[9]。复合型XnY型植物的雄性个体的性染色体组成为1条Y染色体＋多条X染色体，如葡萄藻、马陆苔等[2]。XYn型植物的雄性个体的性染色体组成为1条X染色体＋多条Y染色体，如葎草[2]。具有复杂性染色体的植物的性别决定机制更加多样。有些依赖于Y染色体的性别决定，有些依赖于X染色体和常染色体之间的基因剂量效应[10]。有些植物中没有明显性染色体，它们的性别是由一对或多对基因所决定的，根据控制性别的基因座和等位基因的多少，可分为单基因座、复等位基因和多基因座等类型[11]。例如，玉米属于雌雄同株异花的植物，它的性别主要与两个互不连锁的 Ts 位点和 Ba 位点有关[12-13]。黄瓜的性别是由不连锁的多个基因位点调节的，其性别类型也更加多样化[14]。迄今为止，已经发现 70 多种植物细胞中含有性染色体。

性别决定基因可以调节雄性或雌性分化过程中的相对活性，在性别分化过程中起着决定性的作用。目前，对于性别决定基因的研究有以下 4 种方法：①以突变体作为材料复制性别决定基因；②对已知基因进行分离与表达的研究；③根据植物的特异性表达分离出位置的性别分化决定基因；④通过构建减法文库分离性别决定基因[7]。Akagi 等[15]以猕猴桃为材料，发现一个在 Y 染色体上相应细胞分裂素的调节基因 $SyGI$，该基因抑制了猕猴桃雄性花中的雌蕊发育，推测可能是猕猴桃性别决定基因。2014 年，Akagi 等[16]报道在柿属君迁子 Y 染色体上发现了一个雄性连锁遗传基因 OGI。2016 年，Akagi 等[17]对六倍体栽培柿深入研究发现，性染色体上 OGI 和常染色体上的 $MeGI$ 协同调控柿雌雄发育，因此两者均为柿树性别决定因子。

植物性别决定还与其他一些影响因素有关，如激素在植物的性别分化过程中起着十分重要的调控作用。一般认为，IAA、NAA、CTK（KT、6-BA）促进雌性发育；GA_3、CCC 促进雄性发育。赵德刚等[18]发现，高水平的细胞分裂素、GA_3 和 ZEN 可能有利于玉米雄性器官的发育。

光照、温度、二氧化碳含量、水分等都会对植物性别分化产生不同程度的影响。一般来说，长光周期会促进短日照植物雄性化和日中性植物雌性化[4]。陈学好[1]发现，短日照可以促进黄瓜的雌花进行分化，但缺水会延缓雌花的出现。郭成圆[19]以板栗为材料，发现其母枝的养分含量越高，雌花越多。

在生产实践中，人们会根据不同的生产目的，选择培养更有应用和经济价值的性别植株。例如，大麻、菠菜这类以获取种子为栽培目的，需要大量的雌株，但如果作为绿化植物，则需要雄株[1]。对于栽培雌雄同株植物黄瓜来说，为了结出更多的果实，就需要极大地增加雌花的数量，提高坐果率[20]。尹彦等[21]以黄瓜的父本与雌性系为材料，发现其杂交产生的后代可以 100% 保持雌性，这对黄瓜生产有着重大意义。所以，对高等植物的性别分化进行研究是十分必要的，它能够在生产实践中发挥极大的作用。若是能够了解影响该种植物性别分化的因素，便可以通过人为手段改变植物性别分化，从而提高作物的经济价值。

11.2　瓜类性别的研究进展

　　瓜类作物属于葫芦科，包括黄瓜、甜瓜、西瓜、苦瓜等，在生产和消费中起着重要作用。瓜类作物是高温或耐热蔬菜。它们的生长和发育需要较高的温度，宜在温暖的季节或采用设施生产的方式。一般要求昼夜温差大、光线强。在夜间温度低、日照短的条件下，多数能促进雌花的分化和形成。性别分化直接影响瓜类作物的产量和果实品质以及种子生产技术。例如，在黄瓜上使用全雌系可以有效地降低人工去雄的成本。前人已在黄瓜、甜瓜等多种瓜类作物上开展花芽分化的形态学观察、人工性别诱变及其机制研究，目前在控制性别基因的克隆与调控方面均取得了显著进展[22]。

　　葫芦科植物是研究植物性别分化表达的典型材料。葫芦科瓜类作物有 3 种花型，即雄花、雌花和完全花。根据这 3 种花型的不同数量和不同组合，将葫芦科瓜类作物分为 7 种：雌雄异花同株、雄全同株、完全株、雌全同株、三性混合株、全雌株、全雄株[22]。

　　20 世纪早期，黄瓜性别决定遗传机制的研究刚刚开始。1961 年，Shifriss[23]发现，控制决定黄瓜性别分化表达的遗传基因最少有 3 类：第一类基因 G 控制雌花的分化发育，g 控制完全花的分化发育；第二类为微效基因，它主要调节第一类基因的表达；第三类基因 Acr 能加速植株由两性期到单性期的性转变过程。Galun[24]研究发现，st 基因促进雌性器官产生，m 基因促进雄性器官产生，性别分化转变的过程是由两对主要基因和一群微效基因共同作用于遗传控制。陈惠明等[25]在研究黄瓜性别决定基因时认为，黄瓜的性别是由多基因位点决定的。例如，M/m 和 F/f 是决定单花结构和决定显性雄性的基因；A/a 和 In-F 基因能够增加雄性和增加雌雄同株的雌性；Tr 基因能够使单性花变成两性花；h（m-2）基因能够控制具有子房的两性花。研究结果表明，黄瓜性型主要受 F/f、M/m、A/a 三对基因控制；当植株基因型为 $ffM\_A\_$ 为雌雄同花异株；$ffaa$ 为全雄或强雄株；$F\_M\_A\_$ 为全雌或强雌株；F_mm 为两性花株；$ffmmA\_$ 为雄花两性花株[22]。

　　1928 年，Rosa[26]首次对甜瓜性别遗传机制进行了分析，研究结果表明，单性雌花对完全花为显性。Poole 和 Grimball[27]利用中国特有雌雄异花同株甜瓜 F_2 代群体进行性别观察，研究结果表明，雌雄异花同株、雄全同株、雌全同株＋全雌株＋三性混合株以及完全花株的分离比为 9：3：3：1，符合 2 对隐性基因遗传控制的 F_2 代群体分离比率，认为甜瓜性别分化是由 2 对隐性基因遗传控制。不同基因型所对应的表现型为 $A\_G\_$（雌雄异花同株）、$aaG\_$（雄全同株）、A_gg（雌性系）以及 $aagg$（完全花）。由于三性混合株的遗传表达还要受到外在因素的影响，他们认为，甜瓜的性别分化遗传表达存在修饰基因的参与。2008 年，Boualem 等[28]明确了控制甜瓜雄全同株性别分化基因 a 即为控制 ACC 合成酶基因 ACS7，并成功克隆了该基因；2009 年，Martin 等[29]报道了在甜瓜花芽分化第 6 阶段 a、g 基因表达量最高，利用雌雄异花同株品系和雌性系杂交，图位克隆得到了引起雄花向雌花过渡的基因位点，并鉴定出全雌系与一个基因家族的转座子插入有关，引起 WIPI（G）基因启动子的甲基化。WIPI 编码一个转录因子，阻止雌性器官发育。在雌性系中，WIPI 基因的甲基化使 WIPI 基因表达沉默，形成雌花。另外，WIPI 沉默表达直接导致了另一个基因活化，即 ACS7 基因，它阻止了雄性器官发育，形成单性的雌花。雄性器官是因为 WIPI 的抑制和一个无功能 ACS7 基因的出现而形成的。WIPI 和 ACS7 相互作用可以解释雄花、雌花和完全花的形成机制。但也提出了不同的环境条件会引起性别基因的特异表达。

Jiang 和 Lin 在中国发现了西瓜全雌株性型突变体材料 XHBGM，在研究了其与西瓜雌雄异花同株性型材料的遗传关系后，得出了全雌株性型是由一个隐性单基因控制的结论，并将该基因命名为 gy[30]。

2008 年，Slamanminkov 等克隆到了 4 个西瓜乙烯合成酶家族基因（CitACS1 - 4），并对 4 个基因的时空表达特征进行了分析[31]。

2010 年，胡宝刚[32]以西瓜强雌性系和普通性系为研究材料，发现花器官中 $Cit - ACS1$ 基因低水平表达有利于产生雌花，高水平表达则对雌花的分化有抑制作用，且 $Cit - ACS1$ 基因受乙烯正调控；$Cit - ACS3$ 基因高水平表达抑制雌花的形成，且 $Cit - ACS3$ 基因受乙烯负调控；$Cit - ACS4$ 基因高水平表达可能有利于花蕾向雄花分化。同时发现，在西瓜花蕾及茎尖组织中，ACS 基因高水平表达抑制雌花的分化，而低表达水平则促进雌花的形成。

11.3　甜瓜白粉病的研究进展

白粉病是影响甜瓜产量和品质的主要真菌性病害之一，在甜瓜的露地栽培、保护地栽培中广泛发生。白粉病菌通过释放分生孢子侵染植物叶片、花和果实，孢子萌发产生吸器，在吸器上生长分生孢子梗，进而继续产生分生孢子。白粉病发病、传播速度极快，叶片感染之后首先产生白色病斑，在植株生长后期变黄和萎蔫。白粉病的发生使甜瓜生长势变弱，影响甜瓜由营养生长向生殖生长转化，最终在生长后期导致植株死亡，使得甜瓜产量和品质严重下降[33]。

甜瓜白粉病的病原菌有多种，常见的是单囊壳白粉菌和二孢白粉菌。其中，单囊壳白粉菌分布最为广泛[34]。综合研究结果[35-46]认为，单囊壳白粉菌已分化为 0、1J、1Sp、1M、1Ⅳ、1SJ、1S、1Ti、1Tu、2US、2S、2F、2Z、2a、2b、3、3c、3d、4、5、N1、N2、N3、N4、6、F、G、H 28 个不同的生理小种。其中，1 号生理小种分化变异为 1J、1M、1S、1Sp、1SJ、1Ti、1Tu、1Ⅳ 8 个变异小种，2 号生理小种分化变异为 2US、2a、2b、2F、2S、2Z 6 个变异小种。

截至目前，已经发现了 $Pm-1$、$Pm-2$、$Pm-3$、$Pm-4$、$Pm-5$、$Pm-6$、$Pm-A$、$Pm-B$、$Pm-C1$、$Pm-C2$、$Pm-D$、$Pm-E$、$Pm-F$、$Pm-G$、$Pm-W$、$Pm-X$ 和 $Pm-H$ 等白粉病抗性基因。大多数报道认为，甜瓜对白粉病的抗性是一种简单的遗传。研究发现，目前大多数白粉病抗性基因抗单囊壳白粉菌生理小种 1 和 2，且上述抗性基因是独立遗传的，研究推测 $Pm-A$ 和 $Pm-1$ 属于独立遗传[47]。一些抗性基因存在相互作用，如 $Pm-1$ 和 $Pm-2$，$Pm-E$ 和 $Pm-2$ 具有相互作用[48]。一些抗性基因为等位基因，如 $Pm-C1$ 和 $Pm-C2$ 是等位基因[49]。目前，发现的甜瓜抗白粉病基因主要定位在甜瓜 2 号染色体、5 号染色体和 12 号染色体上；Teixeira 等[50]将抗性基因 $Pm-1$ 定位于 9 号染色体；Périn 等[51]通过构建分离群体将抗性基因 $Pm-x$ 定位在 2 号染色体上。Pitrat 等[52]将来源于鉴别寄主 WMR 29 中的抗性基因 $Pm-w$ 定位于 5 号染色体；将来源于 VA 435 中的抗性基因 $Pm-y$ 定位于 12 号染色体。刘慧青等[34]将抗病基因 $Pm-M$ 定位于 12 号染色体。张学军等[53]利用 SSR 分子标记，定位了一种新疆厚皮甜瓜白粉病抗性基因。卢浩等[54]研究了甜瓜白粉病抗性品种 PMR 6 的抗性遗传规律，遗传分析表明，PMR 6 对白粉病病原菌单囊壳白粉菌生理小种 1 的抗性由显性单基因控制，基因命名为 $Pm-PMR6-1$。艾子凌等[55]通过高通量测序开发 SNP 分子标记、构建高密度遗传连锁图谱的方式，将 1 个甜瓜抗白粉病基因定位在 12 号染色体上。利用 QTL 位点定位抗白粉病基因的方法进行白粉病抗性遗传的研究，将 $Pm V.1$ 定位在 5 号染色体上、将 $Pm XII.1$ 定位在 12 号染色体上[56]。

Zhou 等[57]在研究甜瓜应对白粉病侵染的反应中，从抗病材料和感病材料中鉴定出 539 个 lnc RNA，发现多个 lnc RNA 的靶基因参与了甲壳素水解、胼胝质积累和细胞壁增厚、植物与病原体的相互作用和植物激素信号转导途径。Gao 等[58]比较了 lnc RNA 在抗白粉病甜瓜和易感白粉病甜瓜应对白粉病菌侵染的反应，分别有 407 个和 611 个 lnc RNA 在抗病材料和感病材料中差异表达，这些 lnc RNA 的靶点基因参与了细胞色素 P450、谷胱甘肽还原酶和过氧化物酶等催化的氧化还原过程，一些 lnc RNA 可以作为潜在的 miRNA 前体。

11.4　甜瓜抗白粉病新品种的研究进展

研究人员长期对世界各地的甜瓜种质资源进行抗性鉴定[59-60]。张立杰等[60]对搜集到的 102 份香瓜和 14 份菜瓜种质资源进行了白粉病抗性评价，鉴定出 7 份香瓜和 1 份菜瓜高抗白粉病。研究人员逐步发现了多种抗不同甜瓜白粉病生理小种的抗病材料，并通过传统育种手段将其抗性转育到具有优良性状的感病品种中，从而培育出不同的抗甜瓜白粉病品种[61]。

1929 年，美国育种工作者从印度引进对甜瓜白粉病具有抗性的材料 California525，与 Hales Best 杂交后回交，经过多代选育，培育出首个抗病品种 PMR 45[48]，其育种方法主要采用多亲本杂交的常规育种法[62]。目前，通过杂交选育已培育出一些抗性品种。Hannah's Choice F$_1$ 是 Henning 等[63]选育出的具有多种抗性的品种，对白粉病有抗性。国内育种工作者也结合当地特有品种，进行抗白粉病品种的选育工作。翟文强等[64]以美国抗病材料 Mainstream 与新疆喀什当地感病品种色也克红肉杂交，选育出 3 个抗甜瓜白粉病纯系材料。

发掘抗白粉病基因，寻找其紧密连锁的分子标记，采用分子标记辅助选择技术，将多个抗白粉病的基因高效转入当前甜瓜的主栽品种，可以提高我国甜瓜抗病育种水平[65]。

11.5　转录组测序技术及其应用

转录组是指动植物细胞或者组织在特定状态下全部表达的 RNA 的总和[66]。转录组的研究可以从整体水平上反映出细胞中基因的表达情况及其调控规律[67]。

在 2008 年前后，高通量测序技术开始应用于细胞和组织中转录本（主要是 mRNA）的种类和表达量的研究，转录组测序（RNA sequencing，RNA - seq）这样的名词开始出现并被广泛应用[68]。转录组测序就是利用高通量测序技术将细胞或组织中全部或部分 mRNA、smallRNA 和 no - coding RNA 进行测序分析的技术。目前，最常见的转录组测序是基于二代测序技术，以 Illumina 的 NGS 测序平台为主流。这种方法需要根据试验目的对 RNA 样本进行处理，将 mRNA、miRNA、lncRNA 其中的部分或全部反转录成 cDNA 文库，再利用高通量测序平台进行测序[68-69]。目前，转录组测序技术在黄瓜[70]、哈密瓜[71]和玉米[72]等众多植物中得到应用。

11.5.1 转录组研究在植物中的应用

转录组测序技术的发展给果实发育的研究带来了新的研究方法。Yi 等在对红果皮龙眼与普通黄褐色龙眼对比研究时发现，与花青素合成相关的结构基因 *F3H*、*F3′h*、*UFGT*、*GST* 和控制基因 *MYB*、*bHLH*、*NAC*、*MADS* 的表达量显著上调。所以，红果皮龙眼中花青素衍生物在果皮中积累导致果皮呈红色，而 *F3′H* 和 *F3′5′H* 基因可能在选择合成花青素成分中起着重要作用[73]。青瓯柑的典型特征是在果实转色期和成熟期均不褪绿，但叶绿素相关表型（滞绿）形成机制尚未被完全阐释。研究人员利用转录组挖掘与青瓯柑滞绿相关的候选基因时发现，青瓯柑叶绿素降解速率减缓很可能是由于 *CsERF13* 序列长短不同而导致的[74]，为后续滞绿机制解析提供基础数据。对不同发育阶段的红枣果皮进行转录组学分析，发现转录因子 *ZjMYB5*、*ZjTT8* 和 *ZjWDR3* 通过激活 *ZjANS* 和 *ZjUGT79B1* 的启动子从而调控红枣果皮花青素合成，*ZjUGT79B1* 和 *ZjANS* 基因可调控枣果实中花青素含量，这些转录因子可通过增强 *ZjANS* 和 *ZjUGT79B1* 的表达来促进花青素的积累[75]。

对过氧化氢处理的 Kyoho 葡萄的不同发育阶段进行了 RNA 测序分析，结果表明，过氧化氢处理通过影响 *HSP*、*GDSL*、*XTH*、*CAB1* 和 *HSP* 的表达水平和光合作用途径进而促进了 Kyoho 葡萄的早熟[76]。对两个葡萄品种的不同发育时期进行转录组测序，显示 *VvSWEET15*、*VvHXK* 和 *MYB44* 基因在果实发育后期上调，而与葡萄糖代谢相关的 *bHLH14* 基因在果实发育过程中逐渐下调，表明这些基因可能在浆果的发育、成熟和糖积累中起着重要作用[77]。

以红色优良无花果品种波姬红为材料，选取转色期和商品成熟时期果皮，通过转录组测序，确定了 2 个与无花果花青苷合成相关的调节基因，命名为 *FcMYB21* 和 *FcMYB123*，还鉴定出一个可能参与无花果果皮花青苷积累的 *MADS-box* 基因，将其命名为 *FcMADS9*[78]。对川佛手不同发育阶段果实的转录组分析显示，差异基因主要与生物调控、信号传导和代谢过程等生物学过程有关，并在诸如淀粉、蔗糖代谢、类黄酮生物合成和苯丙烷生物合成等代谢途径中富集。随着果实从绿色变为黄色，*PAL*、*CHI*、*4CL*、*CYP75B1*、*ZDS* 和 *FLS* 基因的表达水平逐渐增加；*CCR*、*HCT* 和 *HRP* 基因的表达则先下降后上升，为进一步挖掘活性成分生物合成中的关键基因以及活性成分的合成途径提供了参考[79]。

Liu 等[80]对长春花进行转录组测序，筛选出了 1 个属于 WRKY 家族的转录因子，通过克隆和功能验证，进一步确定该基因在萜类吲哚生物碱（TIAs）生物合成中的功能，并阐明了长春花萜类吲哚生物碱生物合成通路中转录因子的调控网络。Li 等[81]对杠柳叶、根、不定根和愈伤组织进行转录组测序，筛选到 24 个参与类固醇生物合成途径的基因。

对冬枣和金丝小枣冷冻胁迫的转录组数据分析差异表达基因发现，Zj AP2/ERF 家族和 Zj SOD 家族中的成员，即 *Zj DREB1* 和 *Zj SOD1*，可能与枣冷冻胁迫应答有着密切关系，揭示了 *Zj DREB1* 和 *Zj SOD1* 在提高枣抗冻过程中的作用，为今后系统揭示枣冷冻胁迫的网络调控奠定了理论基础[82]。

通过 3 个发育阶段果实转录组分析揭示了蛇瓜果实发育过程中与品质性状相关的候选基因，包括植物激素相关基因、类胡萝卜素生物合成相关基因，为今后在转录组水平上研究蛇瓜果实发育和成熟提供了基础[83]。以新疆野苹果组培苗为试验材料，对 NaCl 胁迫下的新疆野苹果幼苗叶片及根系进行转录组测序。发现在糖酵解过程中 *TPI*、*FBPase*、*pckA*、*PPDK* 等基因表达量发生明显变化，说明糖酵解途径在新疆野苹果应答 NaCl 胁迫过程中起着一定的作用[84]。

Umer 等通过转录组谱来研究西瓜与糖和有机酸代谢相关的基因网络的共表达模式，确定了 3 个包含 2 443 个与糖和有机酸高度相关的基因网络，并鉴定了 7 个参与糖和有机酸代谢的基因。这 7 个基因在不同西瓜基因型中的表达谱揭示了它们在不同品种西瓜果实中的表达变化一致，为现有西瓜中糖和有机酸的机制研究奠定了基础[85]。

11.5.2　高通量转录组测序技术及其在甜瓜分子生物学的应用

对甜瓜果实 4 个发育时期［生长期（G 期）、成熟期（R 期）、呼吸跃变期（C 期）、跃变后期（P 期）］的转录组测序进行分析，选择了在果实发育过程中高表达的 3 个未知基因，并初步探讨了这 3 个完全未知基因在甜瓜中的功能，开拓了关于影响果实发育成熟的新思路[86]。

为了从分子和生理生化水平探讨甜瓜雄性不育发生过程中内源激素与花粉败育的相关性，利用雄性不育两用系对甜瓜可育株与不育株 2 mm 花蕾雄蕊进行转录组测序，筛选内源激素相关差异表达基因。转录组测序共发现 334 个差异表达基因，其中与内源激素相关的差异基因为 7 个[87]。

利用雄性不育两用系对甜瓜可育株与不育株 5 mm 的花蕾雄蕊进行转录组

测序，筛选氧化酶相关差异表达基因，研究结果表明，过氧化物酶（POD）和过氧化氢酶（CAT）活性在不育株系中的差异表达是由植物自我保护激发诱导产生，氧自由基的积累使不育株系的膜脂过氧化水平异常升高，此现象可能对小孢子发育造成伤害，从而导致花粉败育。本研究为甜瓜花粉发生败育的内在原因和作用机制提供了一定的科学依据[88]。

相关研究人员分析了橙色甜瓜果实不同发育阶段的转录组及其两个等基因 EMS 诱导的突变体，low - β（Cmor）和 yofi（Cmcrtiso）。low - β 中的 Cmor 突变导致成熟果实的主要基因转录水平改变，yofi 中的 Cmcrtiso 突变仅在果实早期发育阶段改变了相关基因的转录水平。这些发现表明，甜瓜果实的转录组主要受类胡萝卜素代谢通量和质体转化的变化影响，但对成熟果实中类胡萝卜素成分的影响很小。差异基因聚类结果表明，在果实的叶绿体中，胡萝卜素代谢和光合作用存在一定的关联；此外，大量的类囊体定位光合基因在 low - β 中存在差异表达；CmOR 家族蛋白与捕光叶绿素 a - b 结合蛋白存在相互作用，表明 CmOR 在甜瓜果实中的叶绿体维持中发挥了新作用[89]。

对两个口感显著差异的甜瓜材料在成熟过程中的转录组测序数据进行分析，筛选得到的 7 个木葡聚糖内切转糖基/水解酶，具有木葡聚糖内切转糖基酶（XET）活性，其编码基因的高表达可能有助于维持细胞壁结构，在果实质构变化中起着重要作用，可能具有木葡聚糖内切转糖基酶活性和木葡聚糖水解酶（XEH）活性[90]。

11.6 本试验的研究目的及意义

在甜瓜育种中应用全雌系，不仅可以增产，获得更高的经济效益，还可以免去杂交制种过程中对亲本去雄的步骤，省时省力，节约人力成本。目前，生产上推广的甜瓜品种性型绝大多数为雄花两性花同株，在实际生产中仍然需要人工去雄且易混杂，导致品种不纯。白粉病是甜瓜生产中的重要病害之一，给甜瓜生产造成了严重的经济损失。目前，选育出了一些较抗白粉病的品种。但是，品种的选育有时很难兼顾多个优势性状。抗白粉病的优质全雌系品系的创制目前尚未见报道。本试验根据淮北师范大学西甜瓜分子育种实验室、安徽省西瓜甜瓜生物育种工程研究中心（筹）已有的全雌系与抗白粉病材料进行杂交，以期获得抗白粉病全雌系植株，并利用分子标记技术对甜瓜全雌系和抗白粉病基因进行鉴定，这将有利于简化杂交制种的过程和创造新的种质资源。利用抗白粉病雌性系选育新品种并制定适合的高产栽培技术规程，建立甜瓜高效栽培技术模式，具有很高的经济效益和社会效益。甜瓜抗白粉病全雌系的创制与产业化应用项目应用前景广阔，对甜瓜的生产具有重要意义。

11.7 技术路线

见图 3-11-1。

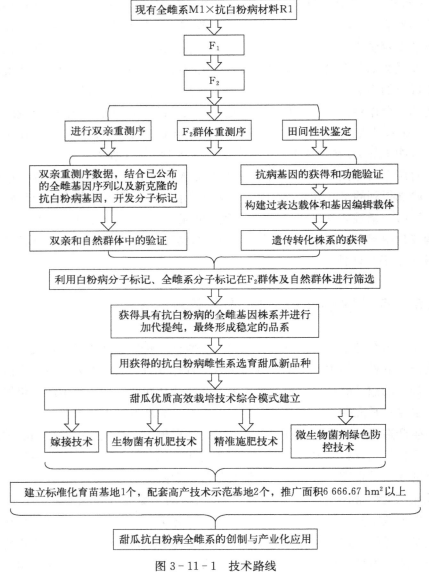

图 3-11-1 技术路线

第十二章 甜瓜性别遗传规律分析

12.1 材料与方法

以淮北师范大学西甜瓜分子育种实验室长期培育的纯系薄皮甜瓜璇顺为亲本，白色瓜为母本，青色瓜为父本，进行杂交得到 F_1 群体，F_1 代自交得到 F_2 代，统计 F_1、F_2 代的雌雄植株，所有材料均种植于安徽省淮北市濉溪县五铺农场内，采用常规大棚管理（图 3-12-1）。

母本 　　　　　　　　　　　　　　父本

图 3-12-1　璇顺母本和璇顺父本

12.2 结果与分析

12.2.1 璇顺的花型

甜瓜花型包括雌花、雄花和完全花（图 3-12-2），根据其不同的组合，甜瓜株系可分为雌雄异花同株、雄花两性花同株、雌花两性花同株、全两性花株、三型同株、全雌株、全雄株。薄皮甜瓜璇顺具有 3 种花型：雌花、雄花、完全花，它们同时或不同时存在组成了植株的花型，有时完全花退化会形成畸形花。

雌花　　　　　　　　　雄花　　　　　　　　完全花

图 3 - 12 - 2　璇顺甜瓜的花型

12.2.2　F_1 代各植株的花型统计

以璇顺白色瓜为母本，青色为父本，进行杂交，得到 F_1 代，并对植株花型进行统计。

由表 3 - 12 - 1 得知，雌雄异花同株为 83 株，全雌为 51 株，雄花和完全花同株 33 株，完全花 11 株，雌雄异花有畸形的为 12 株，雄花有畸形的为 2 株，雌花有畸形 13 株，完全花有畸形的为 6 株，雌全同株的为 2 株。

表 3 - 12 - 1　璇顺 F_1 代植株花型

花型	株数（株）
雌雄异花同株	83
全雌	51
雄全同株	33
完全花	11
雌＋雄＋畸形	12
雄＋畸形	2
雌＋畸形	13
畸形＋完全花	6
雌＋两性	2
畸形＋两性＋雄	3

12.2.3　璇顺 F_2 代花型统计

由 F_1 代自交得到的种子进行培育得到 F_2 代。由表 3-12-2 可知，F_2 代璇顺花型较为简单，只有 4 种。分别为雌雄异花同株 177 株、全雌 64 株、雄全同株 48 株、完全花株 24 株。F_2 代植株的花型比 F_1 代简单，对其进行卡方检验。313 株 F_2 个体性别类型分离情况符合 9（雌雄异花同株）：3（全雌株）：3（雄全同株）：1（完全花株）的自由组合定律，表明其可能受双基因的遗传控制（表 3-12-3）。

表 3-12-2　璇顺 F_2 代植株花型

花型	株数（株）
雌雄异花同株	177
全雌	64
雄全同株	48
完全花株	24

表 3-12-3　F_2 代 9：3：3：1 适合性检验

项目	雌雄异花同株	全雌	雄全同株	完全花株
观测的植株数（O）	177	64	48	24
理论频数（P）	9/16	3/16	3/16	1/16
预测分离数（E）	176.06	58.69	58.69	19.56
$O-E$	0.94	5.31	−10.69	4.44
$(O-E)^2/E$	0.005	0.480	1.947	1.007

12.3　讨论

现已知控制甜瓜性型的基因有 4 对，分别为 A/a、G/g、M/m 和 AB/ab[91-92]。目前，甜瓜中两性花雄花同株大多数被用作育种材料。但是，在制种过程中往往存在着需要去雄及去雄不净的问题，导致种子纯度低，使优良杂交种推广受到影响[93]。而雌雄异花植株甜瓜材料在杂交种生产中，无需人工去雄，制种方便，杂交种种子纯度高。所以，大部分甜瓜工作中的研究重点集中在甜瓜全雌系植株的寻找，全雌系植株在杂交时避免了制备 F_1 代杂交种中的去雄过程，并且保证了 F_1 代种子的纯度[94]。

截至目前，关于甜瓜性别基因 a 的遗传规律已得到较为清楚的研究[95]。该性别表达类型受一个单基因控制，等位基因 A 负责雌雄异花同株的表达，而等位基因 a 负责两性花雄花同株的表达[96]。Poole 等用从河北保定引进的全两性花与雌雄异花同株杂交，得到性型的分离比例是 9（雌雄异花同株、基因 AG）∶3（雄两性同株，基因 aG）∶3（雌两性同株，基因 Ag）∶1（全两性，ag），雌两性同株性型十分不稳定，其后代会分离出全雌系或三型同株[27]。

2002 年，当时发表的甜瓜基因目录中表明，甜瓜性别分化表达主要受 3 个位点（a、g、gy）上等位基因的协同控制。a 基因控制表现雄全同株，隐性基因，遗传作用于大多数单性雄花，少数两性完全花；在 $A\_$ 基因型植株上，雌花无雄蕊（单性雌花），对 g 基因上位。g 基因控制雌两性同株性状，为隐性基因，作用于大多数单性雌花，少数两性完全花。在下列情况下，g 基因对 a 基因上位：基因型 $A\_G\_$ 表现为雌雄异花同株；基因型 A_gg 表现为雌两性同株。隐性基因控制全雌株性状，与 a 基因和 g 基因互作。基因型为 A_gggygy 时，形成稳定的全雌株[26,97-98]。

在路绪强的研究中，将控制雄花分化基因（An）定位在第二连锁群上，其两侧分子标记分别为 MU 4128-2 和 MU 5028-1，与 An 连锁距离分别为 42.8 cM 和 26.0 cM[99]。在瓜类作物生长发育过程中，其生长点总是处于幼嫩的胚胎状态，容易受环境因素的影响，致使性别分化与表达呈现出不稳定性[100]。

性别类型基因 a 的遗传定位研究得较多。Danin-Poleg 等第一次将性别类型基因 a 甜瓜分子定位于 4 号连锁群，其中具有一个与 a 基因遗传距离为 16.2 cM 的连锁 RAPD 标记 261_o.7 及一个 SSR 标记 CMGA36[101]。Perin 等将 a 基因定位于 2 号连锁群一个遗传距离为 25.2 cM 的区间，与其紧密连锁的一个 SSR 标记为 CMGA36[102]。Kim 等则开发了一个 CAPS 标记 EX1-C170T 和一个 SCAR 标记 T1ex，并在 112 个甜瓜品系中得到了验证，这两个标记可以运用于甜瓜株系的筛选，减少人工的使用[94]。利用 BC1 分离群体的高世代群体对果实长度、性别类型（雌雄异花同株、两性花雄花同株）进行统计与分析，从表型上鉴定出 2 号染色体果实长度基因与性别类型基因 a 发生重组的个体，提供 2 号染色体上果长基因与性别类型基因 a 非同一基因的直观证据[95]。

目前，国内广泛栽培的甜瓜品种大多为雄全同株类型，少数为单性花品种。已经成功培育出的厚皮甜瓜雌性系种质 W1998 在生产上有一定的缺陷，存在果小、糖度低、口感差等问题，商品性较差。利用常规杂交方法选育全雌系耗时很长，而利用 DNA 分子标记同时开展 A/a 基因和 G/g 基因的标记辅助选择，可以加快全雌系的培育进度。目前，基于 A 基因已经开发了 T、T1ex 等特异分子标记，基于 C 基因也开发了 g‑F/R 标记、KASP 标记、g‑as 和 g‑s 标记。甜瓜稳定全雌系的研究，仍需要进一步发展。

第十三章 甜瓜抗白粉病全雌系的创制

13.1 材料与方法

（1）鉴别寄主使用国际上研究学者所共识的白粉病鉴别寄主试验材料[103]（共计 13 份），分别为 PMR 6、PMR 5、PMR 45、PI 124111、PI 414723、PI 124112、Iran - H、Topmark、Vedrantais、WMR 29、Edisto 47、MR - 1、Nantais blong。

白粉病病叶采集于 2015 年秋季，在安徽省淮北市甜瓜主要栽培区的濉溪县随机采集充分发病的白粉病病叶 5 份，在杜集区和相山区分别随机采集充分发病的白粉病病叶 5 份，而且要避免不同来源的病叶相互混合，以防止不同病原种混淆，把刚采来的不同病叶分别装进保鲜袋中带回实验室，立即用显微镜观察白粉病病原种的形态，且将其接种于上述鉴别寄主上。

显微镜观察白粉病菌。用干净的毛笔把白粉病病菌轻柔且均匀地涂于载玻片上，轻轻地压好盖玻片，滴 1 滴 3％KOH 溶液于载玻片上，将显微镜调成 10×40 倍，观察分生孢子的特征。两种白粉病病菌单囊壳白粉病病菌（*S. fuliginea*）和二孢白粉病病菌（*E. cichoracearum*）的形态有些相似，但是 *S. fuliginea* 的分生孢子从其侧面长出的萌发管呈叉状或顶端膨胀，且分生孢子为椭圆形，有发达的纤维状体。而 *E. cichoracearum* 的分生孢子从其顶端或底部长出的萌发管呈指状，且分生孢子为细长的圆柱形状，没有纤维状体。所以，单囊壳白粉病病菌（*S. fuliginea*）和二孢白粉病病菌（*E. cichoracearum*）最大的特征区别是在显微镜下能否观察到发达的纤维状体，以此确定淮北市甜瓜白粉病发生的生理小种。

（2）抗白粉病全雌系 F_1、F_2 代的构建。获取全雌系和抗白粉病材料，利用杂交优势原理，将全雌系与抗白粉病株系分别作为母本和父本进行杂交，两亲本为高代自交系，杂交获得 F_1 代。F_1 代严格自交构建 F_2 代群体，并进行植株性型及抗病性调查。

（3）甜瓜全雌系和抗白粉病分子标记辅助选择技术体系的建立与验证。甜瓜抗白粉病分子标记辅助选择技术：用 CTAB 法提取 19 份甜瓜亲本材料种子总 DNA，合成与甜瓜抗白粉病基因 Pm-$2F$ 紧密连锁标记的特异性引物，用引物 Pm-F、Pm-R 进行 PCR 扩增。反应条件为：94 ℃ 30 s，55 ℃ 30 s，72 ℃ 20 s，共 32 个循环。PCR 产物经 1‰琼脂糖凝胶电泳，割胶纯化。在进行序列对比后，把扩增到的片段用限制性内切酶 Dde Ⅰ 在 37 ℃恒温水浴锅中酶切 15 min，酶切产物经 3‰琼脂糖凝胶电泳。所扩片段能被 Dde Ⅰ 酶酶切即为抗病材料；反之，为感病材料。

接下来进行甜瓜 F_1 代种子田间验证。将 9 份甜瓜 F_1 代种子（由测试的 19 份甜瓜亲本材料杂交获得）种植于大棚中，观察植株生长各个阶段发病情况，并记录和拍照。

（4）抗白粉病分子标记辅助选择技术体系的建立与验证。确定甜瓜基因型的方法具体步骤如下。

① 提取待检测甜瓜的 DNA。

② 利用引物进行 PARMS PCR 反应获得分型图。

PARMS PCR 反应体系如下：

5 μL 2×PARMS、待检测甜瓜的 DNA、（a）组引物或（b）组引物各 0.15 μL 和超纯水补水至 10 μL；所述（a）组引物为 SEQ ID NO：1、SEQ ID NO：2 和 SEQ ID NO：3，所述（b）组引物为 SEQ ID NO：4、SEQ ID NO：5 和 SEQ ID NO：6。

③ 利用 SEQ ID NO：9、SEQ ID NO：10 和 SEQ ID NO：11 进行 PARMS PCR 反应获得分型图。

进一步限定，PARMS PCR 反应体系如下：

5 μL 2×PARMS、待检测甜瓜的 DNA、SEQ ID NO：9、SEQ ID NO：10、SEQ ID NO：11 各 0.15 μL，超纯水补水至 10 μL。

进一步限定，所述 PARMS PCR 反应条件如下：

94 ℃　15 min

94 ℃　20 s
65 ℃（-0.8 ℃每循环）　1 min ｝10 个循环

94 ℃　20 s
57 ℃　1 min ｝28 个循环

开发了一种鉴定甜瓜性别的方法，即利用上述引物鉴定待检测甜瓜 *Cm-WIP1* 的基因型，然后利用 SEQ ID NO：9、SEQ ID NO：10 和 SEQ ID NO：11 鉴定待检测甜瓜 *CmACS7* 的基因型，根据 *CmWIP1* 的基因型和 *CmACS7* 的基因型鉴定甜瓜的性别。

（5）甜瓜优质高效栽培技术综合模式建立。针对安徽省淮北市露地栽培和设施栽培甜瓜盲目施肥、连作障碍、肥料利用率低等问题，充分利用嫁接技术、生物菌有机肥技术、精准施肥技术、微生物菌剂绿色防控技术等，利用优异抗白粉病雌性系选育甜瓜新品种并制定高产栽培技术规程，建立甜瓜高效栽培技术模式。

13.2 结果与分析

13.2.1 淮北市甜瓜白粉病生理小种的鉴定

淮北师范大学西瓜甜瓜分子育种实验室对从安徽省淮北市濉溪县、杜集区和相山区所采集来的不同病原菌分别进行显微观察，结果显示，3 个不同来源白粉病病菌的分生孢子，均显无色且串生成念珠状，其分生隔膜有 2～4 个，并且只有椭圆形这一种形态，能明显观察到较为发达的纤维状体（两种病原种区别的关键），根据显微镜下观察到的情况，可初步明确本试验所使用的甜瓜叶片上的白粉病病菌都是单囊壳白粉菌（*S. fuliginea*）。

喷雾法人工接种病原菌后的第 6 d，甜瓜叶片边缘出现小的白粉病病斑，表明已经出现病症；接种后的第 7～11 d，白粉病越来越严重；等到第 12 d 时，叶片布满白粉病病斑，已达到病情分级标准的 3 级以上，统计鉴别寄主是否出现白粉病及其发病程度。本试验白粉病病菌都是单囊壳白粉菌（*S. fuliginea*），Nantais Oblong 均表现为感病（表 3-13-1、表 3-13-2、表 3-13-3），由于 *E. cichoracearum* 能使 Nantais Oblong 表现出抗病（表 3-13-4），因此排除淮北市甜瓜白粉病病菌为 *E. cichoracearum* 的可能性。

表 3-13-1　濉溪县所采集的白粉病病菌对鉴别寄主的感抗情况

鉴别寄主	单囊壳白粉菌				
	1	2	3	4	5
Iran H	S	S	S	S	S
Tormark	S	S	S	S	S
Vedrantais	S	S	S	S	S

（续）

鉴别寄主	单囊壳白粉菌				
	1	2	3	4	5
PMR 45	R	R	R	R	R
PMR 5	R	R	R	R	R
WMR 29	R	R	R	R	R
Edisto 47	R	R	R	R	R
PI 414723	R	R	R	R	R
MR－1	R	R	R	R	R
PI 124111	R	R	R	R	R
PI 124112	R	R	R	R	R
PMR 6	R	R	R	R	R
Nantais Oblong	S	S	S	S	S

注：S 为感病；R 为抗病。

表 3－13－2　杜集区所采集的白粉病病菌对鉴别寄主的感抗情况

鉴别寄主	单囊壳白粉菌				
	1	2	3	4	5
Iran H	S	S	S	S	S
Tormark	S	S	S	S	S
Vedrantais	S	S	S	S	S
PMR 45	R	R	R	R	R
PMR 5	R	R	R	R	R
WMR 29	R	R	R	R	R
Edisto 47	R	R	R	R	R
PI 414723	R	R	R	R	R
MR－1	R	R	R	R	R
PI 124111	R	R	R	R	R
PI 124112	R	R	R	R	R
PMR 6	R	R	R	R	R
Nantais Oblong	S	S	S	S	S

注：S 为感病；R 为抗病。

表 3-13-3　相山区所采集的白粉病病菌对鉴别寄主的感抗情况

鉴别寄主	单囊壳白粉菌				
	1	2	3	4	5
Iran H	S	S	S	S	S
Tormark	S	S	S	S	S
Vedrantais	S	S	S	S	S
PMR 45	R	R	R	R	R
PMR 5	R	R	R	R	R
WMR 29	R	R	R	R	R
Edisto 47	R	R	R	R	R
PI 414723	R	R	R	R	R
MR-1	R	R	R	R	R
PI 124111	R	R	R	R	R
PI 124112	R	R	R	R	R
PMR 6	R	R	R	R	R
Nantais Oblong	S	S	S	S	S

注：S 为感病；R 为抗病。

表 3-13-4　淮北市甜瓜白粉病生理小种鉴定

地点	栽培方式	鉴定结果
濉溪县	露地栽培	生理小种 1（S. fuliginea）
杜集区	露地栽培	生理小种 1（S. fuliginea）
相山区	露地栽培	生理小种 1（S. fuliginea）

从濉溪县采集来的白粉病病菌 1～5 号均能使 Tormark、Iran H、Nantais Oblong、Vedrantais 表现感病（表 3-13-1），而使 PMR 6、PMR 5、PMR 45、MR-1、WMR 29、PI 124112、PI 124111、PI 414723、Edisto 47 表现为抗病。在观察并记录鉴别寄主的感抗反应时，着重观察了 PMR 45、PI 414723 和 Edisto 47 的发病情况，因为 PMR 45 发病与否是区别生理小种 1 和生理小种 2 的首要条件。如果 PMR 45 出现抗病情况，则白粉病的发生归结于生理小种 1；反之，则为生理小种 2。而区别生理小种 2 中的 2US 和 2France，则要观察 PI 414723 和 Edisto 47 的感抗反应。由鉴别寄主的感抗反应鉴定得知，白粉病病菌的生理小种不是生理小种 2，通过对鉴定结果比较可以得出，从淮北市濉溪县随机采样而来的白粉病病菌为 S. fuliginea 中的生理小种 1（表 3-

13-1、表3-13-2）。由表3-13-2、表3-13-3可知，从淮北市杜集区和相山区所采来的白粉病病菌得到鉴别寄主的抗感病结果同濉溪县一样，故致使杜集区、相山区甜瓜发生白粉病的因素同样是 *S. fuliginea* 中的生理小种1，并未见 *S. fuliginea* 中的其他生理小种。由此可以初步确定，导致淮北市甜瓜白粉病发生的生理小种为单囊壳白粉菌（*S. fuliginea*）中的生理小种1[104]。

13.2.2　一种特异性标记在甜瓜白粉病抗性育种中的应用

淮北师范大学西瓜甜瓜分子育种实验室以19份甜瓜亲本材料种子总DNA为模板，用特异性引物Pm-F、Pm-R进行PCR扩增，经电泳可见1条约为466 bp的特异性条带。对纯化后的白粉病抗病基因 *Pm-2F* 紧密连锁片段进行测序。将19份甜瓜亲本材料白粉病抗病基因 *Pm-2F* 紧密连锁片段相关序列与已发表文献白粉病抗病基因 *Pm-2F* 紧密连锁抗病序列进行核苷酸序列相似性比对，发现3个甜瓜亲本材料：欧蜜父本、欧蜜母本和11号母本核苷酸序列与已知抗病相关序列相似性达到100%。另外，将纯化的白粉病抗病基因 *Pm-2F* 紧密连锁片段进行酶切，发现欧蜜父本、欧蜜母本和11号母本这3个亲本材料所扩片段能被Dde I酶酶切，白粉病抗病基因 *Pm-2F* 紧密连锁片段能够被Dde I酶酶切，说明对白粉病有抗性。亲本材料酶切结果与序列比对结果一致，表明这3个亲本材料具有抗性。淮北师范大学西瓜甜瓜分子育种实验室又进行了杂合F₁代白粉病抗病基因 *Pm-2F* 紧密连锁片段酶切验证，发现携带白粉病抗病基因 *Pm-2F* 紧密连锁片段的欧蜜亲本杂合F₁代扩增的对应片段能被Dde I酶酶切，而未携带白粉病抗病基因 *Pm-2F* 紧密连锁片段的金喜亲本杂合F₁代扩增的对应片段不能被Dde I酶酶切。

本研究为甜瓜抗白粉病新品种选育提供了一种辅助性方法，并且实验室结果与田间表现一致（图3-13-1），符合率达到100%，表明此特异性标记可以应用于甜瓜白粉病抗性育种，为加快育种步伐奠定了基础[105]。

13.2.3　前期培育出的甜瓜全雌系和抗白粉病材料果实

淮北师范大学西瓜甜瓜分子育种实验室现有西瓜、甜瓜种质资源1 000余份，共收集、筛选并鉴定国内外西甜瓜种质资源936份，具有枯萎病、白粉病、病毒病抗性等特异性状材料215份。与国内主栽品系及育种材料配制杂交组合300个，在后代中筛选并创制新种质。筛选出多份具有全雌、白粉病抗性、病毒病抗性等特异性状材料（图3-13-2）。

图 3-13-1　欧蜜亲本杂合 F₁ 代田间验证和金喜亲本杂合 F₁ 代田间验证

图 3-13-2　前期培育出的甜瓜全雌系和抗白粉病材料果实

13.2.4　一种鉴定甜瓜性别的引物和方法及其应用

淮北师范大学西瓜甜瓜分子育种实验室提供了一种鉴定甜瓜性别的引物，引物的核苷酸序列为（a）组或（b）组中的引物。（a）SEQ ID NO：1、SEQ ID NO：2 和 SEQ ID NO：3；（b）SEQ ID NO：4、SEQ ID NO：5 和 SEQ ID NO：6。

一种鉴定甜瓜性别的试剂盒，所述试剂盒包括（a）组或（b）组中的引物。

（a）SEQ ID NO：1、SEQ ID NO：2 和 SEQ ID NO：3；（b）SEQ ID NO：4、SEQ ID NO：5 和 SEQ ID NO：6。

一种确定甜瓜基因型的方法如下。

（1）提取待检测甜瓜的 DNA。

（2）利用所述引物进行 PARMS PCR 反应获得分型图，如果分型图上的颜色为 FAM 探针的颜色，则待检测甜瓜的基因型为 gg 型；如果分型图上的颜色为 HEX 探针的颜色，则待检测甜瓜的基因型为 GG 型；如果分型图上的颜色为蓝色，则待检测甜瓜的基因型为 Gg 型。

（3）利用引物 SEQ ID NO：9、SEQ ID NO：10 和 SEQ ID NO：11 进行 PARMS PCR 反应获得分型图，如果分型图上的颜色为 FAM 探针的颜色，则待检测甜瓜的基因型为 AA 型；如果分型图上的颜色为 HEX 探针的颜色，则待检测甜瓜的基因型为 aa 型；如果分型图上的颜色为绿色，则待检测甜瓜的基因型为 Aa 型（图 3-13-3）。

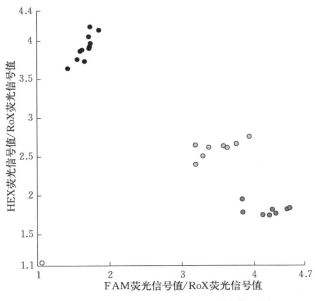

图 3-13-3 甜瓜 $CmACS7$ 基因的分型图

一种鉴定甜瓜性别的方法，即利用上述引物鉴定待检测甜瓜 $CmWIP1$ 的基因型，然后利用引物 SEQ ID NO：9、SEQ ID NO：10 和 SEQ ID NO：11 鉴定待检测甜瓜 $CmACS7$ 的基因型，根据 $CmWIP1$ 的基因型和 $CmACS7$ 的基因型鉴定甜瓜的性别，如果 $CmACS7$ 的基因型是 AA，$CmWIP1$ 的基因型为 gg，则待检测甜瓜为全雌株；如果是 $aagg$ 基因型，则待检测甜瓜为两性花株，

如果是 *aaGG* 基因型，则待检测甜瓜为雄全同株；如果 *CmACS7* 的基因型是 *AA*，*CmWIP1* 的基因型为 *GG*，则待检测甜瓜为雌雄异花同株（图 3 - 13 - 4、图 3 - 13 - 5）。

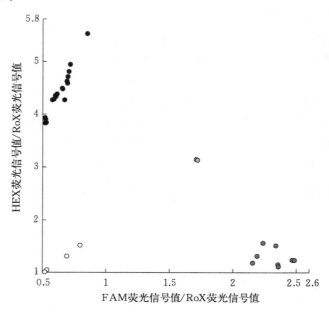

图 3 - 13 - 4　甜瓜 *CmWIP1* 基因的分型图 1

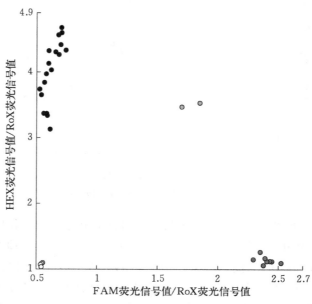

图 3 - 13 - 5　甜瓜 *CmWIP1* 基因的分型图 2

一种甜瓜育种方法是基于 PARMS 技术，根据目标基因的关键变异位点设计引物，利用引物末端碱基的特异匹配对目标基因进行 SNP 分型。基于 PARMS 技术的高通量分子标记系统，操作流程全自动，降低了人为误差；分析通量高，兼容 96 孔、384 孔板，每天可完成 20～500 000 个 SNP 基因型分型，适合大量样品同时检测。基于甜瓜雌性 G/g 基因序列设计高通量检测的分子标记，并应用于甜瓜雌性系基因的转育，可以大大节约时间和人工成本，提高分子标记辅助选择的育种效率，加速甜瓜雌性性状向优异骨干自交系的转育[106]。

另外，对淮北师范大学西瓜甜瓜分子育种实验室培育的甜瓜品种璇顺的基因型开展观察与记录，与经 PARMS PCR 反应得到的甜瓜基因型结果一致。经过鉴定得到双亲的性别，然后进行杂交得到具有定向性别的甜瓜。

13.3　讨论

淮北师范大学西瓜甜瓜分子育种实验室从淮北市 3 个甜瓜主要栽培区所采集的 15 份白粉病病菌经过显微镜观察后，均可以观察到纤维状体，而且经过分析得知，所收集的病菌都能使 Nantais Oblong 表现感病症状。从鉴别寄主的感抗反应上又验证了 15 份白粉病病菌全部是 *S. fuliginea*，进而确定 *S. fuliginea* 是造成淮北市甜瓜白粉病的病原菌。由于淮北市甜瓜市场需求量正逐年增加，因此甜瓜的栽培面积每年都在扩大，但随之而来的甜瓜白粉病等病害问题也越发突出，要解决甜瓜白粉病问题还是要从白粉病病原菌的生理小种入手，鉴定出其生理小种，选育出相应抗白粉病的甜瓜品种，这才是通向防治白粉病的必由之路。国内甜瓜白粉病生理小种研究中，刘东顺等[107]认为，甘肃甜瓜主产区造成白粉病的优势生理小种是 *S. fuliginea* 中的小种 1，赵光伟等[108]在研究河南郑州甜瓜白粉病后得出的结论是 *S. fuliginea* 中的小种 1 为优势生理小种；张波等[109]认为，造成吉林薄皮甜瓜白粉病的生理小种分别是 *S. fuliginea* 中的小种 1 和 2France，但优势生理小种为 2France；李苹芳等[110]研究得出，*S. fuliginea* 中的小种 1 是导致江浙沪地区甜瓜白粉病的原因，且其优势生理小种为小种 1；海南三亚地区[111]白粉病生理小种是小种 1 和 2France，其优势生理小种是 2France。所以，就全国大部分地区甜瓜白粉病生理小种的研究而言，*S. fuliginea* 中小种 1 出现的概率最大。在淮北市甜瓜主要栽培区濉溪县、杜集区和相山区，甜瓜白粉病病菌主要是由 *S. fuliginea* 中小种 1 导致的，优势生理小种为小种 1，目前还未观察到其他生理小种，当然也不完全排除其他生理小种存在的这种可能性。本研究所鉴定出的生理小种小种 1 与上述大部分学者一样，但导致白粉病的生理小种与部分地区有所差异，优势生理小种也有差别。结合鉴别寄主抗感反应、病原菌种类和生理小种鉴定结果分析得出，淮北市白粉病病菌 S. fuliginea 中的小种 1 是导致当地白粉病流行的因素。目前甜瓜生产上一般都选用抗霜霉病的甜瓜品种，因为一般抗霜霉病的品种也较抗白粉病[112]。但为了从根本上防治白粉病，还要积极地筛选、培育和推广抗/耐白粉病的优良品种。综上所述，单囊壳属单囊壳白粉菌（S. fuliginea）是国内白粉病发病的主要菌种，生理小种则以小种 1 和 2France 居多，有关其他生理小种的报道不多，而在淮北市初步确定的白粉病病菌种类与全国大部分研究报道的相同，但白粉病病菌 S. fuliginea 的生理小种并不完全一致，由于环境及气象条件每年都在不断发生变化，而且所采集的病叶材料并未做到全面覆盖淮北市，所以今后还需要做大量和长期的调查研究，观察其他地区是否存在未知的生理小种。希望通过这一时期的调查研究及试验结果，能为淮北市或者全国抗/耐白粉病优良品种的选育及推广提供一定参考价值[104]。

通过试验，淮北师范大学西瓜甜瓜分子育种实验室确定了一种特异性标记在甜瓜白粉病抗性育种中的应用。对选用的 19 份甜瓜亲本材料种子，分别用测序、酶切验证和大田种植 3 种方法——对应验证，表明试验所使用的特异性标记可以应用于甜瓜抗白粉病材料的筛选，为甜瓜抗白粉病新品种选育提供了一种辅助性方法，为加快育种步伐奠定了基础。

另外，淮北师范大学西瓜甜瓜分子育种实验室提供了一种准确和快速鉴定甜瓜性别的分子标记，解决了现有技术鉴定甜瓜性别过程烦琐、准确率低和速度慢的问题，大大节约了时间和人工成本，加速甜瓜雌性性状向优异骨干自交系的转育。

13.4　小结

开展甜瓜白粉病全雌系抗性遗传规律研究，建立甜瓜全雌系抗白粉病育种分子标记辅助选择技术，有助于加速抗病育种进程。抗白粉病全雌系甜瓜是采用分子生物技术与田间性状结合，从源头上真正解决甜瓜白粉病带来的严重危害，不仅省时省力、节约成本，而且使甜瓜香甜可口、健康营养。有效解决甜瓜行业"卡脖子"、生产效益不稳定和绿色发展水平低等问题。试验成果既有共性技术，也有特色模式，给甜瓜产业的发展带来新的机遇。

第十四章 产业化应用

14.1 材料与方法

淮甜 1 号是以自交系 T10 为母本、L5 为父本配制的薄皮甜瓜一代杂交种，春季大棚种植，全生育期 110 d，植株生长势强，单果质量 500～650 g。果实圆形，果皮灰绿色，中心可溶性固形物含量 16.0%，边部可溶性固形物含量 13.2%。肉质酥脆，口感酥嫩香甜，味清香，风味正，品质佳，耐储运。中抗霜霉病、白粉病、枯萎病。第一个生长周期亩*产量 3 269 kg，比对照日本甜宝（亩产量 2 837 kg）增产 15.23%；第二个生长周期亩产量 3 101 kg，比对照日本甜宝（亩产量 2 709 kg）增产 14.47%。

淮甜 1 号母本 T10 是利用日本甜宝与青玉杂交，采用系统选育方法，经 8 代自交选育的薄皮甜瓜自交系。植株生长势稳健，地爬栽培以孙蔓结果为主，全生育期 85 d，单果质量 650 g。果实圆形，果皮和果肉绿色，果肉中心可溶性固形物含量 17.5%，肉质酥脆，清香，口感风味俱佳，耐储运。

父本 L5 是用安徽省地方品种小麦酥甜瓜与台湾农友种苗有限公司的美浓甜瓜杂交，采用系统选育方法，经 8 代自交选育的薄皮甜瓜自交系。植株生长势强，地爬栽培以孙蔓结果为主，坐果性好。全生育期 85 d，单果质量 550 g。果实圆形，果型周正，果皮绿色，果肉黄绿色，中心可溶性固形物含量 15.2%，肉质松脆，清香，口感风味俱佳，耐储运。

2012 年春季，M16×M36 组合在吉林省德惠市大棚种植，进行品种比较试验，以日本甜宝为对照。随机区组排列，小区面积 22 m²，3 次重复。3 月 5 日播种育苗，4 月 5 日定植。行距 70 cm，株距 40 cm。吊蔓栽培单蔓整枝，主蔓 7～10 片真叶及 22～24 片真叶基部萌发的子蔓留 2 片真叶摘心留果，其节

---

　　*　亩为非法定计量单位，1 亩≈666.7 m²。——编者注

位萌发的子蔓全部摘除。其他同常规管理。试验结果，T10×L5 组合亩产量 3 658 kg，比对照日本甜宝增产 11.36%。

2013 年，在吉林省德惠市、梨树县、辉南县、长岭县、镇赉县、蛟河市设置 6 个试验点进行区域试验，采用大棚种植方式，以日本甜宝为对照。试验采用随机区组设计，3 次重复，小区面积 22 m^2。3 月下旬播种和育苗，4 月下旬定植，株距 40 cm，行距 70 cm。吊蔓栽培，单蔓整枝，主蔓 7～10 片真叶及 22～24 片真叶基部萌发的子蔓留 2 片叶摘心留果，其他节位萌发的子蔓全部摘除。其他同常规管理。试验结果表明，T10×L5 组合亩产量 3 802 kg，比对照日本甜宝增产 15.08%。

2010 年秋季，在吉林省德惠市，以自交系 T10 为母本、L5 等 6 个自交系为父本配制 6 个杂交组合。2011 年春季，在吉林省长春市日光温室种植 T10×L5 等 6 个杂交组合进行组合筛选，T10×L5 组合易坐果，果型周正，成熟时果皮墨绿色不易上黄，肉质酥脆，口感酥嫩香甜，风味独特，商品性好而中选。2012 年，T10×L5 组合（淮甜 1 号）在吉林省德惠市大棚种植进行品种比较试验；2013 年，在吉林大棚种植进行区域试验；2014—2015 年，在安徽大棚种植，在吉林进行生产试验；2013—2017 年，在吉林、辽宁、山东、河北、安徽越冬温室、早春温室、春秋大棚种植，在吉林和黑龙江露地种植。综合性状优于对照日本甜宝。

2014—2015 年，在吉林省德惠市、梨树县、辉南县、长岭县、镇赉县、蛟河市进行大棚栽培，在安徽省淮北市设置 6 个试验点进行生产区域试验，以日本甜宝为对照。采用大区对比设计，不设重复，小区面积 100 m^2，栽培方式与管理同区域试验。试验结果：2013 年，T10×L5 组合亩产量 3 269 kg，比对照日本甜宝（亩产量 2 837 kg）增产 15.23%；2014 年，T10×L5 组合亩产量 3 101 kg，比对照日本甜宝（亩产量 2 709 kg）增产 14.47%。

淮甜 1 号果实圆形，果皮灰绿色，中心可溶性固形物含量 16.0%，边部可溶性固形物含量 13.2%，中抗霜霉病、白粉病、枯萎病。肉质酥脆，口感酥嫩香甜，味清香，风味正，品质佳，耐储运（图 3 - 14 - 1 至图 3 - 14 - 2）。

 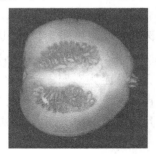

图 3 - 14 - 1 淮甜 1 号整瓜　　图 3 - 14 - 2 淮甜 1 号半瓜扫描图

14.2　结果与分析

淮甜1号品种在多地长势稳健，易坐果，果型周正，成熟时果皮墨绿色不易上黄，肉质酥脆，口感脆嫩香甜，风味独特，货架期长，商品性好，抗逆性强，综合抗性好，适应范围广，适宜在吉林、辽宁、河北、山东、安徽春季大棚、冬春温室或春季露地种植。同时，经淮北师范大学西瓜甜瓜实验室抗病鉴定，淮甜1号甜瓜中抗白粉病、霜霉病、枯萎病。

淮甜1号品种经过比较试验、区域试验、生产试验，以及在吉林、辽宁、河北、山东、安徽多地试验推广，在春季大棚种植、冬春温室种植或露地种植，综合性状优于对照日本甜宝。同时，经长春璇顺种业有限公司测定，淮甜1号甜瓜中心可溶性固形物含量18.0%，边部可溶性固形物含量16.0%。中心可溶性固形物含量高于SO-3 63.0%，高于三友金香18.5%，高于C7-2-2 41.1%，高于Z311 11.1%，高于SO-2 5%，高于省工108 31%，高于花3 17.6%。

淮甜1号的果形指数优异，高于很多甜瓜品种，如高于LYG1 10.6%，高于30-1 6.5%，高于30-2 11.1%。

14.3　讨论

甜瓜，又称甘瓜、果瓜、熟瓜等，主要包括白兰瓜、梨瓜、蜜瓜、香瓜、哈密瓜等，属于葫芦科（Cucurbitaceae）黄（甜）瓜属（*Cucumis*）中的甜瓜种（*Cucumis melo* L.），是葫芦科黄瓜属一年生蔓性草本植物[113]。

非洲的几内亚是甜瓜的初级起源中心，经古埃及传入中近东、中亚（包括中国的新疆）和印度。早在北魏时期，甜瓜就随着西瓜一同传到中国，明朝时期开始广泛种植。在公元前1000年至公元前600年成书的《诗经》中就有"中田有庐，疆场有瓜"（《小雅·信南山》）、"七月食瓜，八月断壶"（《豳风·七月》）的记载，其中提到的"瓜"，可能均属薄皮甜瓜类型。20世纪70年代，考古工作者在对我国湖南长沙2000多年前马王堆汉墓中的1号汉墓里的女尸胃中发现了甜瓜种子。这些都足以证明了甜瓜在我国具有悠久栽培历史[114]。

甜瓜的果实营养丰富，口味甜美，气味芳香，以鲜食为主，也可制成瓜干、瓜脯等加工品，深受人们喜爱。近年来，随着经济的发展、消费者生活水平的提高，人们对于水果的日常消费量逐年增加，而外观优美、品质优良的甜瓜成为人们节假日馈赠亲友的佳品。甜瓜作为重要的瓜果作物，在我国农业生产中占据重要的地位。甜瓜产业作为一项促进农村经济发展的支柱性产业，已经成为以种植业为主要经济来源地区的广大农民迅速增收致富的有效途径之一[115]。

薄皮甜瓜的主要产区位于我国东北地区，东北地区由于其特殊的气候条件，日照时数长，昼夜温差大，种植出的薄皮甜瓜干物质积累多，甜度高，口感、品质俱佳[116]。

在果实成熟过程中，色、香、味发生显著变化，最后达到人类消费需求的食用品质。糖类物质的转化导致果实甜味增加。甜度与糖的种类有关。就甜度而言，果糖约为1.75，蔗糖为1，葡萄糖为0.75。

甜瓜品种众多，肉色有绿色、橙色、白绿色、白色等，不同品种的甜瓜有其各自特有的香气成分。

2002年，张东晓在对日本不同品种甜瓜的香气进行研究时发现，甜瓜因不同品种的呼吸特性不同，从而影响果实在可食期是否有香气。若为典型跃变型果实，则可食期有香气；而弱跃变型的果实，其香气较弱。还有一些甜瓜随着果实的溃坏而香气逐渐增强。虽然品种间的香气有差异，但是乙酸酯类对甜瓜香气的形成起着很大的作用。甜瓜的特征性香气成分还包括一些壬烯醛类、壬烯醇类、壬烯酯类，这些物质的含量在甜瓜体内不一定很多，但是对于形成典型的甜瓜香气起着十分重要的作用[118]。

风味物质大多为非营养物质，它们虽不参与体内代谢，但能促进食欲，影响人的情绪状态，所以挥发性风味物质也是构成食品质量的重要指标之一[119-120]。

人对于风味物质的感觉是十分复杂的，可以形成味觉的物质多数是一些不挥发性物质。人是通过舌头上的味蕾对各种不同的味道进行判断。而对于形成嗅觉的物质（即香气物质）来说，即使在浓度非常低（ppb）的情况下也可以通过嗅觉神经末梢感觉到每一种水果的香气物质，香气通常包括头香成分和尾香成分，所谓头香成分是指在香气测定过程中最先被检测到的一些香气成分，这些物质一般具有分子量小、有极性、亲水性强的特点；而尾香成分则是指最后检出的一些香气物质，这些物质则有分子量大、无极性、疏水性的特点[121]。

人们在对一种果蔬产品的风味进行判断时，味觉和嗅觉的相互作用、相互影响带给人的大脑一个十分复杂的判断过程，大脑也分不清到底是味觉的影响还是嗅觉的影响[122]。

以前人们通常用果蔬产品的大小、颜色、表面状态等指标评定其品质的好坏，即使在育种时，依据的也只是颜色、大小、抗病能力、产量等指标，而对于风味和质地却一直没有得到人们的关注。随着消费市场对水果品质要求的不断提高以及食品工业对天然风味物质需求的增长，水果香气的研究受到越来越多的关注。20 世纪以前，人们主要依据风味物质及其衍生物的化学性质和物理性质鉴别香气物质，但需分离纯化几十毫克或更多的量才能进行，而且要花费大量的资金和时间。随着现代科学技术的不断发展，尤其是气相色谱和质谱联用，所需样品量少，分离鉴定可在几十分钟之内完成。香气已经成为水果品质的重要研究领域之一。国内外的学者对不同水果香气成分的鉴定、合成途径以及影响因素开展了许多研究[123]。

甜瓜白粉病是全生长期均可发生、危害甜瓜生产的主要真菌性病害之一，发病、传播速度极快，主要在叶片上发生，也可在甜瓜茎蔓上发病。病原真菌感染叶片之后，叶片上会产生白色病斑，叶片在生长的中后期发黄和萎蔫，导致光合能力减弱和植株早衰，严重时甚至整株死亡，降低甜瓜的产量和品质。白粉病病原菌是活体营养型真菌，只能在活体寄主上生长，无法离体培养。白粉病侵染甜瓜可分为以下几个步骤：首先，白粉病病原菌的分生孢子附着在寄主表面，进而分生孢子萌发，生成芽管，在芽管的顶端形成椭圆形的附着胞；然后，产生吸器，入侵寄主的表皮细胞，继而在寄主的表面形成菌丝；最后，出现分生孢子梗，产生分生孢子，周而复始对寄主造成危害。在各种环境中，白粉病病原菌会以菌丝体、有性世代产生的闭囊壳或分生孢子等形式在寄主植物上越冬，伴随各类农业设施的应用，白粉病在有些地区可以重复发生，周年产生危害[124]。

14.4　小结

本研究对淮甜 1 号的果形指数、中心可溶性固形物含量、风味、抗逆性、抗病性、亩产量进行了研究，并比较了这些性状与日本甜宝等甜瓜品种之间的差异，淮甜 1 号果形指数更漂亮，中心可溶性固形物含量更高，风味更独特，抗逆性更强，抗病性更好，亩产量更高，综合性状优于对照日本甜宝，在不同地区的推广试验均表现出其具有提高产量的优良特性。

第十五章　新品种品质分析

15.1　材料与方法

15.1.1　材料处理方法

材料：18 个淮甜 1 号成熟果实。

处理方法：采摘授粉 28 d 后大小一致、无机械损伤、外形无肉眼可见缺陷的果实，采摘后使用清水冲洗干净并利用空气风干。

A 组处理：4 ℃（冰箱，冷库）7 d，转至 20 ℃ 1 d，取样。

B 组处理：4 ℃（冰箱，冷库）8 d，取样。

C 组处理：A 组和 B 组处理 8 d 后，从植株上采摘，并采集样品。

15.1.2　基因表达分析

针对甜瓜的叶片样品进行总 RNA 提取，进行 RNA 浓度及纯度检测。完整性采用 Agilent 2100 Bioananlyzer 检测。通过 mRNA 特有的 poly A 结构来纯化总 RNA 中的 mRNA，然后通过离子打断的方式，将 mRNA 打断成 200～3 000 bp片段，进行 cDNA 合成，然后进行 PCR 富集文库片段化。Agilent 2100 Bioananlyzer 检测文库大小，荧光定量检测文库总浓度，选择最佳的上样量上样，以单链文库为模板进行桥式 PCR 扩增、测序引物退火、边合成边测序。

15.1.3　差异表达分析

对原始下机数据进行过滤，将过滤后得到的高质量基因组比对到该物种的参考基因组上。根据比对结果，计算每个基因的表达量。在此基础上，进一步对样品进行差异表达分析。其步骤如下：测试下机数据后进行数据过滤，并以此进行数据质量评估；参照基因组进行比对，比对结果评估后进行表达量分析，再进行表达差异分析。

15.1.4 基因功能注释

参考基因注释见表 3-15-1 和表 3-15-2。

表 3-15-1 参考基因注释 1

项目	信息
基因组	CM3.6.1_pseudomol. fa
基因库	http：//cucurbitgenomics. org/organism/18
版本	v3.6.1
数据（个）	417 002 282

表 3-15-2 参考基因组注释 2

数据库	数量（个）	百分比（%）
KEGG	9 694	32.33
GO	22 274	74.29
Ensemble	29 980	100

15.2 结果与分析

15.2.1 基因表达水平对比

FPKM 密度分布能从整体考察样品所有基因的表达量模式。由图 3-15-1 可以看出，中等表达的基因占绝大部分，低表达和高表达的基因占一小部分。A 组、B 组、C 组处理 FPKM 的密度面积和为 1，以 lg10 为横坐标，在 1～2 的范围之间，B 组处理表达量最高。

15.2.2 差异表达基因列表

使用 strand-specific mRNA sequencing 比较了淮甜 1 号在经过 A 组、B 组、C 组不同处理后果实的基因表达水平。采用 DESeq 对基因表达进行差异分析，表 3-15-3 结果显示，与 A 组处理相比，B 组、C 组处理的上调基因

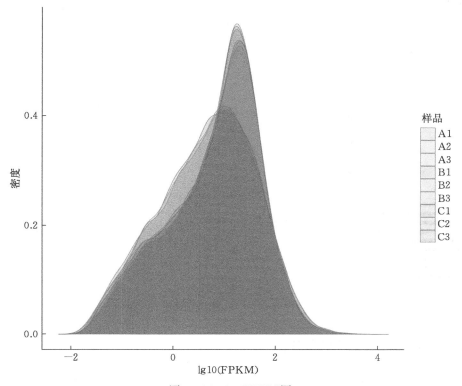

图 3 - 15 - 1　FPKM 图

注：对每个样品的基因表达量，取以 10 为底的对数后，作出密度分布；横坐标为 lg10 （FP-KM），纵坐标为基因的密度，即为对应横轴表达量的基因数/检测已表达基因的总数。

个数分别为 4 272 个和 1 824 个，下调基因分别为 4 281 个和 653 个。与 B 组处理相比，C 组处理上调基因个数为 4 272 个，下调基因个数为 3 977 个。

表 3 - 15 - 3　表达差异分析结果统计

对照组样本	试验组样本	上调基因（个）	下调基因（个）	总差异表达基因（个）
B	C	4 272	3 977	8 249
A	B	4 272	4 281	8 553
A	C	1 824	653	2 477

15.2.3　不同样品表达量

基因表达量显示（图 3 - 15 - 2），A 组、B 组、C 组处理共 9 个样品，共有的基因为 15 848 个基因，A1 特有基因 102 个，A2 特有基因 142 个，A3 特有基因 106 个。B1 特有基因 118 个，B2 特有基因 136 个，B3 特有基因 161 个。C1 特有基因 105 个，C2 特有基因 101 个，C3 特有基因 117 个。

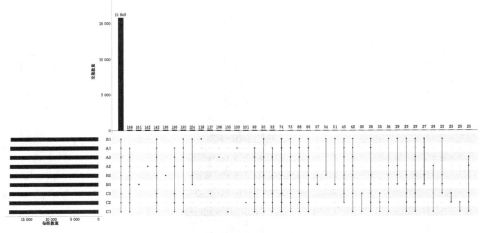

图 3-15-2　基因表达量

15.2.4　差异基因聚类分析

对淮甜 1 号经过 A 组、B 组、C 组三种不同处理后的果实，开展不同果实中相同基因表达水平和相同果实中不同基因表达水平的聚类分析。由图 3-15-3 可以看出，经过 A 组、B 组、C 组三种不同处理后果实的差异表达基因分别聚类在一起。

15.2.5　基因表达维恩图

由图 3-15-4 可以看出，以 A 组为对照，B 组特有基因为 1 303 个，C 组特有基因为 420 个，共有基因 1 391 个。以 B 组为对照，C 组特有基因为 1 007 个。其中，以 A 组为对照和以 B 组为对照，C 组内的共有基因为 1 383 个，B 组和 C 组共有基因为 6 576 个。

15.2.6　RNA-Seq 相关性检查

采用皮尔逊相关系数表示经过 A 组、B 组、C 组三种不同处理后果实样品间基因表达水平相关性，图 3-15-5 显示，授粉后 28 d 果实生物学重复的相关性均大于 0.78，表明各时期果实之间相关性较高，可以用于后续差异表达分析。

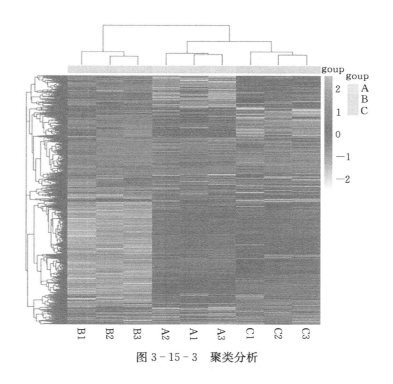

图 3 - 15 - 3 聚类分析

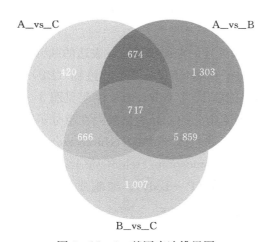

图 3 - 15 - 4 基因表达维恩图

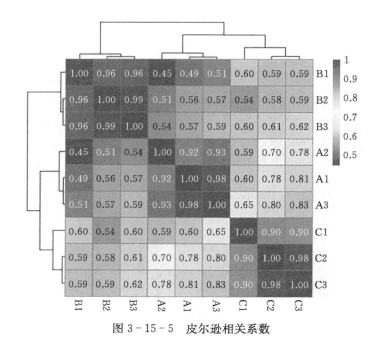

图 3 - 15 - 5　皮尔逊相关系数

15.2.7　差异基因 GO 富集分析

GO 富集分析，$P-value$＜0.05 即认为是显著富集，与整个基因组进行对比，选出差异显著的基因，进行 GO term，得到差异明显基因的生物学功能。

对 A 组、B 组不同处理的淮甜 1 号差异表达的基因进行 GO 富集分析，按照细胞组分（CC）、分子功能（MF）和生物过程（BP）进行分类。挑选每个分类中 $P-value$ 最小的前 10 个 GO term，结果见图 3 - 15 - 6。

结果显示，参与细胞组分的差异表达基因在超分子配合物（supramolecular complex）所占比例最高、染色体/端粒区（chromosome, telomeric region）、核染色体/端粒区（nuclear chromosome, telomeric region）、质膜（plasma membrane）、细胞质处理小体（P - body）、细胞质染色体（cytoplasmic chromosome）、Smc5 - Smc6 复合物（Smc5 - Smc6 complex）、SUMO 连接酶复合体（SUMO ligase complex）、细胞骨架（cytoskeleton）、核糖核蛋白颗粒（ribonucleoprotein granule）所占比例最低。

分子功能方面差异表达基因在转移酶活性/转移酰基（transferase activity,

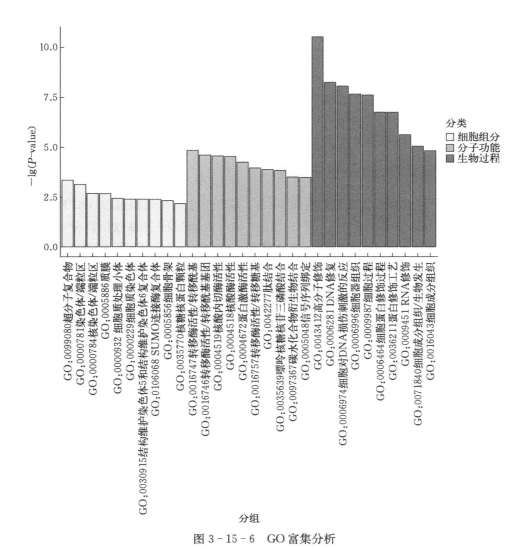

图 3 - 15 - 6　GO 富集分析

注：横坐标为 GO level 2 等级的分组，纵坐标为每个分组富集的- lg（P - value）。

transferring acyl groups）所占比例最高、其次为转移酶活性/转移酰基（transferase activity，transferring acyl groups）、核酸内切酶活性（endonuclease activity）、核酸酶活性（nuclease activity）、蛋白激酶活性（protein kinase activity）、转移酶活性/转移糖基（transferase activity，transferring glycosyl groups）、肽结合（peptide binding）、嘌呤核糖核苷三磷酸结合（purine ribonucleoside triphosphate binding）、碳水化合物衍生物结合（carbohydrate derivative binding）和信号序列结合（signal sequence binding）所占比例最低。

生物过程中的高分子修饰（macromolecule modification）所占比例最高，DNA 修复（DNA repair）、DNA 损伤刺激的脱细胞反应（cellular response to DNA damage stimulus）、细胞器组织（organelle organization）、细胞过程（cellular process）、RNA 修饰（RNA modification）、细胞成分组织/生物起源（cellular component organization or biogenesis）依次递减，细胞成分组织（cellular component organization）占比最低。

15.2.8　差异基因 GO 富集列表

选取差异基因 GO 富集列表前 10 名，发现 9 个参与生物过程（BP），1 个参与分子功能（MF）过程（表 3 - 15 - 4）。生物过程主要包括高分子修饰（macromolecule modification）、DNA 修复（DNA repair）、细胞对 DNA 损伤刺激的反应（cellular response to DNA damage stimulus）、细胞器组织（organelle organization）和细胞过程（cellular process）。细胞过程则是关于转移酶活性，转移除氨基酰基以外的酰基相关因子（transferase activity，transferring acyl groups other than amino - acyl groups）。

表 3 - 15 - 4　差异基因 GO 富集列表

分类	GO 编号	分组	上调	下调
BP	GO：0043412	高分子修饰	388	514
BP	GO：0006281	修复	30	70
BP	GO：0006974	细胞对 DNA 损伤刺激的反应	31	72
BP	GO：0006996	细胞器组织	114	147
BP	GO：0009987	细胞过程	1 738	1 812
BP	GO：0006464	细胞蛋白质修饰过程	343	413
BP	GO：0036211	蛋白质修饰过程	343	413
BP	GO：0009451	RNA 修饰	42	99
BP	GO：0071840	细胞成分组织或生物发生	209	244
MF	GO：0016747	转移酶活性、转移氨基酰基以外的酰基	47	67

注：BP 表示生物过程，MF 表示分子功能。

15.2.9　差异基因 GO 富集 DAG

富集分析结果分别给出 3 个基因功能 GO 分析［细胞组分（CC）、分子功能（MF）和生物过程（BP）］的有无环向图，方形的 GO term 为最高前 10 个 GO term，其他的为圆形，颜色越深，代表该 GO term 越显著，颜色由浅到深为无色—浅灰色—深灰色—黑色（图 3-15-7 至图 3-15-9）。

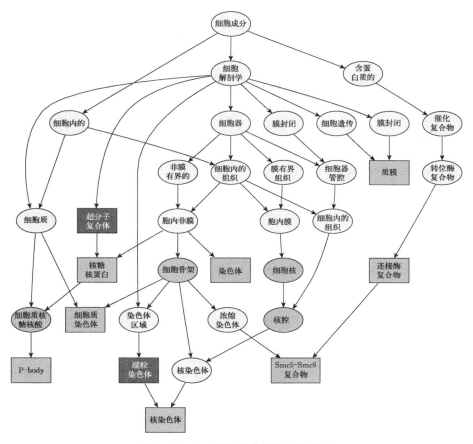

图 3-15-7　细胞组分基因本体前 10

注：每一个节点代表一个 GO 术语，分支代表包含关系，从上至下所定义的功能范围越来越小，方框代表富集程度前 10 的 GO 术语，颜色越深代表富集程度越高。

　　细胞组分、分子功能和生物过程方面的 DAG 与 GO 富集图中前 10 名中 GO term 完全一致，且细胞组分方面超分子配合物所占比例最高。另外，值得注意的是染色体/端粒区（chromosome，telomeric region）GO term 更显著。分子功能方面的 GO term 颜色较深的为转移酶活性/转移酰基（transferase activity，transferring acyl groups oth）、核酸内切酶活性（endonuclease activity）、核酸酶活性（nuclease activity）。生物过程中的 GO term 颜色较深的为

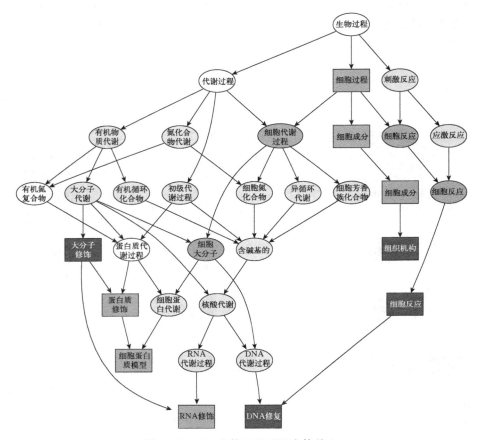

图 3 - 15 - 8　生物过程基因本体前 10

注：每一个节点代表一个 GO 术语，分支代表包含关系，从上至下所定义的功能范围越来越小，方框代表富集程度前 10 的 GO 术语，颜色越深代表富集程度越高。

高分子修饰（macromolecule modification）。与上述 GO 富集图所述一致。

15.2.10　差异基因 KEGG 富集散点图

KEGG 途径富集分析表明（图 3 - 15 - 10），差异表达基因主要参与了内质网蛋白加工（protein processing in endoplasmic reticulum）、氨基糖和核苷酸糖代谢（amino sugar and nucleotide sugar metabolism）、植物-病原菌互作（plant - pathogen interaction）和半胱氨酸和蛋氨酸影响因子（cysteine and methionine metabolism）。

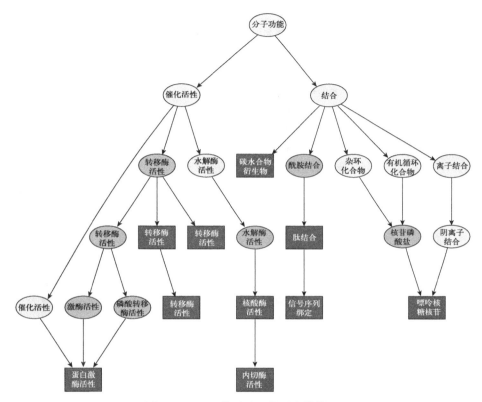

图 3 - 15 - 9　分子过程基因本体前 10

注：每一个节点代表一个 GO 术语，分支代表包含关系，从上至下所定义的功能范围越来越小，方框代表富集程度前 10 的 GO 术语，颜色越深代表富集程度越高。

15. 2. 11　富集 KEGG 通路图

对 A 组、B 组不同处理的准甜 1 号甜瓜差异表达的基因进行 KEGG 代谢通路富集分析。根据差异表达基因的 KEGG 富集分析结果，按照通路类型，共分为细胞过程（cellular processes）、环境信息处理（environmental informa-tion processing）、遗传信息处理（genetic information processing）、代谢（Metabolism）和组织系统（organismal systems）5 个大类，其中参与代谢的差异基因最多。

挑选 P - value 最小即富集最显著的前 30 个通路（图 3 - 15 - 11），细胞过程途径主要包括吞噬体（phagosome），环境信息处理途径主要包括 ABC 转运

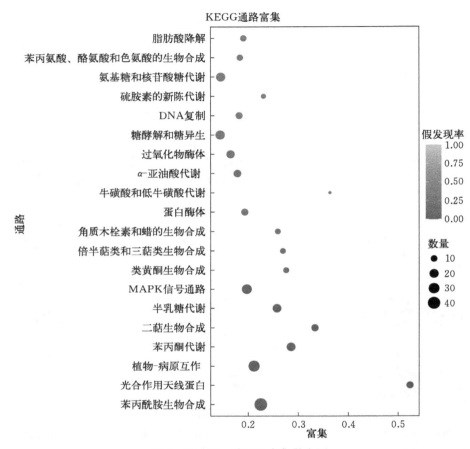

图 3-15-10 KEGG 富集散点图

体（ABC transporters）和磷脂酰肌醇信号系统（phosphatidylinositol signaling system），遗传信息处理途径主要包括同源重组（homologous recombination），代谢途径主要包括氨基糖和核苷酸糖代谢（amino sugar and nucleotide sugar）、叶酸池（one carbon pool by folate）和脂肪酸延长（fatty acid elongation），组织系统途径包括植物-病原体相互作用（plant-pathogen interaction）。

15.2.12 荧光定量分析

得到转录组数据后对 RNA-seq 数据的准确性进行验证，从 3 组不同处理的甜瓜中选取 4 个差异较显著基因，包括 *AAT3*、*ADH1*、*LOX18* 和 *NOR* 基因，

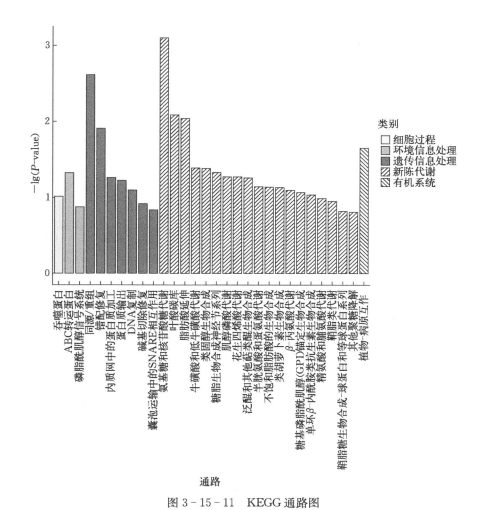

图 3 - 15 - 11　KEGG 通路图

设计引物并利用 qPCR 进行表达量分析。*NOR* 等基因差异表达基因的 qPCR 结果与转录组测序有些许不同，但基因的总体表达趋势一致，这个结果表明，转录组测序的结果是可信的。其中，*AAT3*、*ADH1* 和 *LOX18* 与芳香物质合成有关，*AAT3* 和 *LOX18* 在 C 组处理中相对表达量较多，*ADH1* 在 A 组、C 组处理相对表达量均较高。说明 C 组处理具有较多的酯类、不饱和脂肪酸以及氨基酸。尽管对于 *ADH* 的调控机制仍不清楚，但是已知其与乙烯含量相关。表明 4 ℃低温处理会保持乙烯含量稳定，而在 20 ℃下恢复 1 d，会造成乙烯含量的改变（图 3 - 15 - 12）。

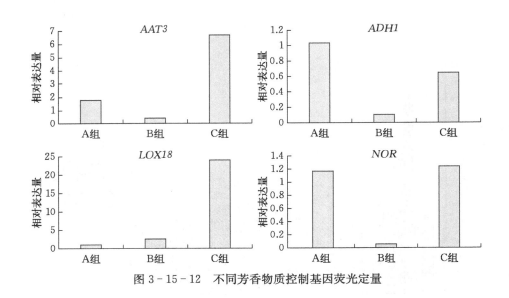

图 3-15-12　不同芳香物质控制基因荧光定量

15.3　讨论

在日常消费中，甜瓜香气是一种衡量甜瓜品质好坏的重要因素。甜瓜香气与很多因素有关，如嫁接、温度、品种以及自身糖酸含量等。然而，甜瓜的香气化合物主要是与甜瓜的品种有关[123,125-129]。Beaulieu[127]发现，Mambo甜瓜中乙基酯类高于Baggio和Symphony，但后两者甲酯类物质含量相对较高。Beaulieu对Cantaloupe甜瓜芳香物质研究发现，未成熟的Cantaloupe甜瓜中芳香物质主要是小分子的醛类物质。潜宗伟等[130]研究表明，薄皮甜瓜的香气成分相较于厚皮甜瓜多，主要芳香类物质是以乙酸乙酯为主的乙酯类，果实中芳香物质组成和含量是一个动态变化过程，在甜瓜果实生长发育过程中，芳香物质组成和含量会发生改变，造成同一种瓜的风味改变。邵青旭[131]研究发现，薄皮甜瓜品种红到边含有16种芳香类物质，15℃低温储藏下醛、酮类含量不会发生大幅度下降，总酸含量先升高再下降再升高，总酚含量先升高再下降，低温储藏可以有效地保持甜瓜的风味品质。甜瓜香气的合成主要与果实中的酯类，包括支链酯类和直链酯类有关，它是与香气相关的最丰富的挥发性化合物，被认为是甜瓜独特香气的关键因素[113,132-135]。

通过基因差异表达分析、GO富集分析和KEGG代谢通路分析，筛选得到了一些淮甜1号薄皮甜瓜香气相关的差异表达基因。通过探索与甜瓜香气相关的基因表达情况，发现一些已知功能的香气相关基因在不同温度处理下发生变化，如 *CmLOX*、*CmADH* 和 *CmAAT*。陈昊[136]通过甜瓜基因组释放，从中鉴定了 12 个 *CmADHs*，通过甜瓜特征香气的特点鉴定了 *CmADH4* 和 *CmADH12* 的功能。本研究发现，MELO3C023685（*CmADH1*）、MELO3C024771（*CmAAT1*）、MELO3C016540（*CmNOR*）等与香气合成相关基因在不同温度处理下有明确的变化。

15.4 小结

对甜瓜品种淮甜 1 号进行 A 组、B 组、C 组不同的温度处理，并对其进行转录组测序分析，从而得到低温处理对淮甜 1 号甜瓜品质的影响及甜瓜本身品质的对比。结果显示，A 组 4 ℃低温处理 8 d 的甜瓜果实基因表达最高，B 组 4 ℃低温处理 7 d，20 ℃下恢复 1 d 的次之，C 组新鲜样品的基因表达水平最低。与 A 组处理进行对比，B 组、C 组处理的上调基因个数分别为 4 272 个和 1 824 个，下调基因个数分别为 4 281 个和 653 个。与 B 组处理相比，C 组处理上调基因个数为 4 272 个，下调基因个数为 3 977 个。功能聚类分析表明，差异表达基因内质网蛋白加工、氨基糖和核苷酸糖代谢、植物-病原菌互作和磷脂酰肌醇信号系统影响因子。其中，氨基糖和核苷酸糖代谢可能与甜瓜香气代谢有关。

1. 对淮北市甜瓜白粉病生理小种鉴定，确定淮北市甜瓜白粉病病原菌 *S. fuliginea* 中的小种 1 是导致该地区白粉病流行的因素。研究开发全雌系及抗白粉病基因分子标记并筛选全雌抗病株系，加速甜瓜抗白粉病优良品种的选育，利用基因编辑技术，遗传转化甜瓜，创制新的甜瓜种质，减少农业生产中防治白粉病药剂的大量使用，减少环境污染，实现绿色生产。利用抗白粉病雌性系选育新品种，制定适合的高产栽培技术规程，建立甜瓜高效培技术模式，对甜瓜的生产具有重要意义。

2. 通过对纯系薄皮甜瓜璇顺进行性别遗传规律分析，以璇顺白色瓜为母本、青色瓜为父本，进行杂交得到 F_1 代群体，F_1 代自交得到 F_2 代，统计 F_1、F_2 代的雌雄植株，得出璇顺 F_2 代花型分离比符合 9∶3∶3∶1 的自由组合定律，其可能受双基因的遗传控制。

3. 淮甜 1 号是以自交系 T10 为母本、L5 为父本配制的薄皮甜瓜一代杂交种，长势稳健，易坐果，果型周正，肉质酥脆，口感脆嫩香甜，风味独特，货架期长，商品性好，抗逆性强，综合抗性好。已在吉林、辽宁、河北、山东、安徽多个省份进行试验推广，在春季大棚、冬春温室或露地种植，综合性状优于对照日本甜宝。

4. 使用 strand – specific mRNA sequencing 比较了甜瓜新品种淮甜 1 号在经过 A 组、B 组、C 组三种不同温度处理后果实的基因表达水平。通过基因差异表达分析、GO 富集分析和 KEGG 代谢通路分析，筛选得到了一些淮甜 1 号薄皮甜瓜香气相关的差异表达基因。通过探索与甜瓜香气相关的基因表达情况，发现一些已知功能的香气相关基因在不同温度处理下发生变化，如 *Cm-LOX*、*CmADH* 和 *CmAAT*。

参考文献

[1] 陈学好. 黄瓜花性别分化的生理学研究 [D]. 杭州：浙江大学，2001.

[2] 孟金陵. 植物生殖遗传学 [M]. 北京：科学出版社，1995.

[3] Stephen L，Dellaporta S L，Calderon U A. Sex determination in flowering plants [J]. The Plant Cell，1997，5 (10)：1241 – 1251.

[4] Sabine L H，Sarah R G. Genetics of sex determination in flowering plants [J]. Trends in Plant Science，1997，2 (4)：130 – 136.

[5] 孔祥海. 植物性别及其决定的分子生物学研究进展 [J]. 龙岩师范高等专科学校学报，2002 (3)：40 – 42.

[6] Cristina J，Jo A B. Sex determination in plants [J]. Current Opinion in Plant Biology，1998，1 (1)：68 – 72.

[7] Parker J S. Sex chromosomes and sexual differentiation in flowering plants [J]. Chromosomes Today，1990 (10)：187 – 198.

[8] 张霞，王绍明. 植物的性别决定 [J]. 生物学通报，2001 (1)：24 – 25.

[9] 马铁华. 植物的性别决定 [J]. 农业与技术，2001 (2)：52 – 54.

[10] 陈赢男. 植物性别决定机制研究进展 [J]. 林业科技开发，2014，28 (5)：18 – 22.

[11] 安彩泰. 植物的性别决定和遗传 [J]. 遗传，1983，5 (3)：44 – 46.

[12] Delong A，Urrea A C，Dellaporta S L. Sex determination gene *TASSELSEED2* of maize encodes a short chain alcohol dehydrogenase required for stage specific floral organ abortion [J]. Cell，1993，74 (4)：757 – 768.

[13] Irish E，Langdale J，Nelson T. Interactions between sex determination and inflorescence development loci in maize [J]. Developmental Genetics，1994 (15)：155 – 171.

[14] Malepszy S，Niemirowicz – Szczytt K. Sex determination in cucumber (*Cucumis sativus*) as a model system for molecular biology [J]. Plant Science，1991，80 (1 – 2)：39 – 47.

[15] Akagi T，Henry I M，Ohtani H，et al. A Y – encoded suppressor of feminization arose

via lineage specific duplication of a cytokinin response regulator in kiwifruit [J]. The Plant Cell，2018，30（4）：780 - 795.

[16] Akagi T，Henry I M，Tao R，et al. A Y - chromosome encoded small RNA acts as a sex determinant in persimmons [J]. Science，2014，346（6209）：646 - 650.

[17] Akagi T，Henry I M，Kawai T，et al. Epigenetic regulation of the sex determination gene *MeGI* in polyploid persimmon [J]. The Plant Cell，2016，28（12）：2905 - 2915.

[18] 赵德刚，韩玉珍，傅永福，等．玉米雌、雄穗与叶片内几种激素含量的比较 [J]. 植物生理学报，1999（1）：57 - 65.

[19] 郭成圆．板栗花芽分化及内源激素变化的研究 [D]. 杨凌：西北农林科技大学，2010.

[20] 任晓宇．高等植物的性别 [J]. 生物学教学，1999（2）：34 - 35.

[21] 尹彦，方秀娟，韩旭，等．长果形两性花黄瓜的选育及利用初报 [J]. 园艺学报，1990（2）：133 - 138，161.

[22] 单文英．西瓜花发育的细胞形态学观察及其性别决定候选基因 *ClACS - 7* 的表达分析 [D]. 泰安：山东农业大学，2013.

[23] Shifriss O. Sex control in cucumbers [J]. J. Hered，1961，52（1）：5 - 12.

[24] Galun E. Study of the inheritance of sex expression in the cucumber—The interaction of major genes with modifying genetic and non - genetic factors [J]. Genetics，1961（32）：134 - 163.

[25] 陈惠明，卢向阳，许亮，等．黄瓜性别决定相关基因和性别表达机制 [J]. 植物生理学通讯，2005（1）：7 - 13.

[26] Rosa J T. Inheritance of flower types in *Cucumis* and *Citrullus* [J]. Hilgardia，1928（3）：333 - 350.

[27] Poole C F，Grimball P C. Inheritance of new sex forms in *Cucummis melo* L. [J]. J. Hered，1939，30（1）：21 - 25.

[28] Boualem A，Fergany M，Fernandez R，et al. A conserved mutation in an ethylene biosynthesis enzyme leads to andromonoecy in melons [J]. Science，2008，321（5890）：836 - 838.

[29] Martin A，Troadec C，Boualem A，et al. A transposon - induced epigenetic change leads to sex determination in melon [J]. Nature，2009，461（5）：1135 - 1139.

[30] Jiang X，Lin D. Discovery of watermelon gynoecious gene *gy* [J]. Acta Horticulturae Sinica，2007，34（1）：141 - 142.

[31] Salmanminkov A，Levi A，Wolf S，et al. ACC synthase genes genes are polymorphic in watermelon（*Citrullus* spp.）and differentially expressed in flowers and in response to auxin and gibberellins [J]. Plant and Cell Physiology，2008，49（5）：740 - 750.

[32] 胡宝刚．西瓜 ACC 合成酶基因的表达分析与克隆 [D]. 天津：天津大学，2010.

[33] Davis A R, Levi A, Wehner T, et al. PI 525088 - Pmr, a melon race 1 powdery mildew - resistant watermelon line [J]. Hort Science, 2006, 41 (7): 1527.

[34] 刘慧青, 谢丽琼, 王贤磊, 等. 精细定位甜瓜白粉病抗性基因 $Pm-M$ [J]. 植物遗传资源学报, 2022, 23 (1): 217 - 225.

[35] Mccreight J D. Melon - powdery mildew interactions reveal variation in melon cultigens and *P. xanthii* races 1 and 2 [J]. Journal of American Society for Horticultural, 2006, 131 (1): 59 - 65.

[36] Alvarez J M, Gómez - Guillamón M L, Torés N A, et al. Virulence differences between two Spanish isolates of *Sphaerotheca fuliginea* race 2 on melon [J]. Acta Horticulturae, 2000 (510): 67 - 69.

[37] Bertrand F. AR Hale's Best Jumbo, a new differential melon variety for *P. xanthii* (Px) races in leaf disk tests [M] //Cucurbitaceae 2002. Alexandria (VA, USA): ASHS Press, 2002.

[38] Cohen R, Burger Y, Shraiber S. Physiological races of *P. xanthii* (Px): factors affecting their identification and the significance of this knowledge [M] //Cucurbitaceae 2002. Alexandria (VA, USA): ASHS Press, 2002.

[39] Floris E, Alvarez J M. Genetic analysis of resistance of three melon lines to *P. xanthii* (Px) [J]. Euphytic, 1995 (81): 181 - 186.

[40] Harwood R R, Markarian D. The inheritance of resistance to powdery mildew in the cantaloupe variety seminole [J]. Journal of Heredity, 1968, 59 (2): 126 - 130.

[41] Hosoya K, Kuzuya M, Murakami T, et al. Impact of resistant cultivars of melon on *P. xanthii* (Px) [J]. Plant Breeding, 2000 (119): 286 - 288.

[42] Jagger I C, Whitaker T W, Porter D R. A new biotic form of powdery mildew on muskmelon in the Imperial Valley of California [J]. Plant Disease Report, 1938 (22): 275 - 276.

[43] Mohamed Y F. Causal agents of powdery mildew of Cucurbits in Sudan [J]. Plant Disease, 1995, 79 (6): 634 - 636.

[44] Pitrat M, Dogimont C, Batdin M. Resistance to fungal diseases of foliage in melon [M] //Cucurbitaceae 1998. Alexandria: ASHS Press, 1998.

[45] Sowell G J, Corley L W. Severity of race 2 of *Spltaeiotheca fuliginea* (Schlecht.) Poll. on muskmelon introductions reported resistant to powdery mildew [J]. Hort Science, 1974 (9): 398 - 399.

[46] Thomas E C. A new biological race of powdery mildew of cantaloups [J]. Plant Disease Report, 1978 (62): 223.

[47] Ames D M, Pitrat M, Thomas C E, et al. Powdery mildew resistance genes in muskmelon [J]. Journal of the American Society for Horticultural Science, 1987, 112 (1):

63 - 65.

［48］林德佩. 甜瓜基因及其育种利用［J］. 长江蔬菜，1999（1）：32 - 34.

［49］冯东昕，李宝栋. 主要葫芦科作物抗白粉病育种研究进展［J］. 中国蔬菜，1996（1）：
55 - 59.

［50］Teixeira A P M，Barreto F A S，Camargo L E A. An AFLP marker linked to the
Pm - 1 gene that confers resistance to *P. xanthii* race 1 in *Cucumis melo*［J］. Genetics
and Molecular Biology，2008，31（2）：547 - 550.

［51］Périn C，Gomez - Jimenez M C，Hagen L，et al. Molecular and genetic characterization
of a non - climacteric phenotype in melon reveals two loci conferring altered ethylene
response in fruit［J］. Plant Physiology，2002，129（1）：300 - 309.

［52］Pitrat M，Hanelt P，Hammer K. Some comments on infraspecific classification of cultivars of
melon［J］. Eucarpia Meeting on Cucurbit Genetics & Breeding，2000（510）：29 - 36.

［53］张学军，季娟，李寐华，等. 新疆厚皮甜瓜抗白粉病基因 SSR 分子标记［J］. 新疆农
业科学，2014，51（1）：1 - 7.

［54］卢浩，王贤磊，高兴旺，等. 甜瓜'PMR 6'抗白粉病基因的遗传及其定位研究［J］.
园艺学报，2015，42（6）：1121 - 1128.

［55］艾子凌，高鹏，杜黎黎，等. 利用 CAPS 初步定位甜瓜 MR - 1 白粉病抗性基因［J］.
江苏农业科学，2016，44（6）：66 - 70.

［56］Perchepied L，Bardin M，Dogimont C，et al. Relationship between loci conferring
downy mildew and powdery mildew resistance in melon assessed by quantitative trait loci
mapping［J］. Phytopathology，2005，95（5）：556 - 565.

［57］Zhou X X，Cui J，Cui H N，et al. Identification of lnc RNAs and their regulatory rela-
tionships with target genes and corresponding miRNAs in melon response to powdery
mildew fungi［J］. Gene，2020（735）：144403.

［58］Gao C，Sun J L，Dong Y M，et al. Comparative transcriptome analysis uncovers regu-
latory roles of long non - coding RNAs involved in resistance to powdery mildew in melon
［J］. BMC Genomics，2020，21（1）：125.

［59］Ridout C J. Profiles in pathogenesis and mutualiarn：Powdery mildews［J］. The Myco-
ta，2009（1）：51 - 68.

［60］张立杰，王建设，唐晓伟. 中国香瓜与菜瓜地方品种资源白粉病抗性评价［J］. 干旱
地区农业研究，2003，21（2）：33 - 36.

［61］宁雪飞，高兴旺，李冠. 甜瓜抗白粉病分子育种研究进展［J］. 北方园艺，2013（2）：
180 - 184.

［62］王坚. 国内外西甜瓜生产及主要应用技术研究进展（下）［J］. 长江蔬菜，1995（2）：
3 - 6.

［63］Henning M J，Munger H M，Jahn M M.'Hannah's Choice F₁'：a new muskmelon hybrid with resistance to powdery mildew, fusarium race 2, and potyviruses [J]. Hort Science, 2005, 40 (2): 492-493.

[64] 翟文强, 王豪杰, 李俊华, 等. 新疆甜瓜 (*Cucumis melo* L.) 白粉病抗性育种研究 [J]. 新疆农业科学, 2011, 48 (9): 1602-1605.

[65] 王娟, 邓建新, 宫国义, 等. 甜瓜抗白粉病育种研究进展 [J]. 中国瓜菜, 2006 (1): 33-36.

[66] 贾新平, 叶晓青, 梁丽建, 等. 基于高通量测序的海滨雀稗转录组学研究 [J]. 草业学报, 2014, 23 (6): 242-252.

[67] 张贝贝. 甜瓜对盐碱胁迫的形态学与生理生化响应和转录组分析 [D]. 福州: 福建农林大学, 2019.

[68] Wang Z, Gerstein M, Snyder M. RNA-Seq: a revolutionary tool for transcriptomics [J]. Nat. Rev. Genet, 2009, 10 (1): 57-63.

[69] Chu Y, Corey D R. RNA sequencing: Platform selection, experimental design, and data interpretation [J]. Nucleic. Acid. Ther., 2012, 22 (4): 271-274.

[70] 戴忠仁. 瓜耐冷生理变化规律及相关基因转录组测序和表达分析 [D]. 哈尔滨: 东北农业大学, 2015.

[71] 单春会. 哈密瓜响应青霉菌侵染的转录组和蛋白组研究及相关抗性酶变化分析 [D]. 无锡: 江南大学, 2015.

[72] 何骋. 转录组测序数据分析在玉米籽粒功能基因挖掘中的应用 [D]. 北京: 中国农业大学, 2017.

[73] Yi D B, Zhang H G, Lai B, et al. Integrative analysis of the coloring mechanism of red longan pericarp through metabolome and transcriptome analyses [J]. Journal of agricultural and food chemistry, 2020, 69 (6): 1806-1815.

[74] 吴莹莹. 利用转录组测序挖掘普通瓯柑与青瓯柑色泽差异相关基因 [D]. 杭州: 浙江大学, 2021.

[75] Shi Q Q, Du J T, Zhu D J, et al. Metabolomic and transcriptomic analyses of anthocyanin biosynthesis mechanisms in the color mutant *Ziziphus jujuba* cv. Tailihong [J]. Journal of agricultural and food chemistry, 2020, 68 (51): 15186-15198.

[76] Guo D L, Wang Z G, Pei M S, et al. Transcriptome analysis reveals mechanism of early ripening in Kyoho grape with hydrogen peroxide treatment [J]. BMC genomics, 2020, 21 (1): 784.

[77] Zhong H X, Zhang F C, Pan M Q, et al. Comparative phenotypic and transcriptomic analysis of Victoria and flame seedless grape cultivars during berry ripening [J]. FEBS Open Bio., 2020, 10 (12).

[78] 李静. 无花果果皮花青苷积累的转录组分析及调控机理研究 [D]. 南京: 南京农业大学, 2020.

［79］潘媛，陈大霞，李隆云. 川佛手不同发育时期的比较转录组学分析［J］. 中国中药杂志，2020，45（21）：5169-5176.

［80］Liu J Q，Cai J，Wang R，et al. Transcriptional regulation and transport of terpenoid indole alkaloid in *Catharanthus roseus*：Exploration of new research directions［J］. Int. J. Mol. Sci.，2017，18（1）：53.

［81］Li X，Zhang J，Lu F，et al. De novo sequencing and transcriptome analysis reveal key genes regulating steroid metabolism in leaves，roots，adventitious roots and calli of *Periploca sepium* Bunge［J］. Front Plant Sci.，2017，8（594）：1-15.

［82］周鹤莹. 枣冷冻胁迫转录组分析及相关基因的功能研究［D］. 北京：北京林业大学，2020.

［83］Ma L L，Wang Q，Mu J L，et al. The genome and transcriptome analysis of snake gourd provide insights into its evolution and fruit development and ripening［J］. Horticulture Research，2020，7（1）：199.

［84］何晨晨，刘俐君，鲁晓燕. 基于转录组测序分析 NaCl 胁迫下新疆野苹果叶和根糖酵解相关基因的表达［J］. 果树学报，2020，37（7）：951-961.

［85］Umer M J，Bin S L，Gebremeskel H，et al. Identification of key gene networks controlling organic acid and sugar metabolism during watermelon fruit development by integrating metabolic phenotypes and gene expression profiles［J］. Horticulture Research，2020，7（1）：193.

［86］杨璐瑶. 甜瓜果实发育过程中高表达的三个未知功能基因的初步研究［D］. 呼和浩特：内蒙古大学，2020.

［87］盛云燕，何兴佳，戴冬洋，等. 甜瓜雄性不育两用系转录组测序与激素含量研究［J］. 黑龙江八一农垦大学学报，2018，30（4）：18-25.

［88］王昱丹，何兴佳，康艺楠，等. 甜瓜雄性不育两用系转录组分析与抗氧化酶活性研究［J］. 农业生物技术学报，2018，26（2）：194-204.

［89］Chayut N，Yuan H，Saar Y，et al. Comparative transcriptome analyses shed light on carotenoid production and plastid development in melon fruit［J］. Horticulture Research，2021，8（1）：112.

［90］李三培. 不同质构甜瓜果实成熟软化的转录组分析及 *XTH* 基因研究［D］. 天津：天津大学，2017.

［91］张慧君，王学征，高鹏，等. 甜瓜性别分化的研究进展［J］. 园艺学报，2012，39（9）：1773-1780.

［92］吴起顺，张毅，孙河山，等. 吴创1号、2号薄皮甜瓜全雌系选育简报［J］. 中国瓜菜，2009（6）：29-30.

［93］唐棣. 控制甜瓜花性型基因"*A*"的分子标记［D］. 上海：上海交通大学，2007.

［94］Kim N，Oh J，Kim B，et al. The *CmACS7* gene provides sequence variation for development of DNA markers associated with monoecious sex expression in melon（*Cucumis melo* L.）［J］. Horticulture Environment and Biotechnology，2015，56（4）：535－545.

［95］范文林. 甜瓜果实长度基因及性别类型基因的遗传分析与定位［D］. 乌鲁木齐：新疆大学，2019.

［96］Wall J R. Correlated inheritance of sex expression and fruit shape in *Cucumis*［J］. Euphytica，1967（16）：199－208.

［97］Roy R P，Saran S. Sex expression in the Cucurbitaceae［M］∥Biology and utilization of the Cucurbitaceae，Bates DM，Robinson RW. Cornell University Press，Ithaca（NY，USA），1990.

［98］Kenigsbuch D，Cohen Y. The inheritance of gynoecy in muskmelon［J］. Genome，1990，33（3）：317－320.

［99］路绪强. 控制甜瓜雄花分化基因的遗传分析及初步定位［D］. 哈尔滨：东北农业大学，2009.

［100］夏仁学. 园艺植物性别分化的研究进展［J］. 植物学通报，1996（S1）：14－21.

［101］Danin－Poleg Y，Tadmor Y，Tzuri G，et al. Construction of a genentic map of melon with molecular markers and horticultural traits，and localization of genes associated with ZYMV resistance［J］. Euphytica，2002（125）：373－384.

［102］Perin C，Hagen L S，Giovinazzo N，et al. Genetic control of fruit shape acts prior to anthesis in melon（*Cucumis melo* L.）［J］. Mol. Genet Genomics，2002（266）：933－941.

［103］王娟，宫国义，郭绍贵. 北京地区瓜类蔬菜白粉病菌生理小种分化的初步鉴定［J］. 中国蔬菜，2006（8）：7－9.

［104］张慧君，张佩，吴乔歆，等. 淮北地区甜瓜白粉病生理小种的鉴定［J］. 分子植物育种，2017，15（3）：1084－1089.

［105］夏伟伟，邓竹根，张慧君，等. 一种特异性标记在甜瓜白粉病抗性育种中的应用［J］. 中国瓜菜，2021，34（5）：15－20.

［106］张慧君，张旭，马建，等. 一种鉴定甜瓜性别的引物和方法及其应用：中国，ZL202110752441. 7［P］. 2021－09－17.

［107］刘东顺，程鸿，孔维萍，等. 甘肃甜瓜主产区白粉病菌生理小种的鉴定［J］. 中国蔬菜，2010（6）：28－32.

［108］赵光伟，徐志红，徐永阳，等. 郑州地区甜瓜白粉病菌生理小种鉴定［J］. 中国瓜菜，2012，25（6）：13－15.

［109］张波，王利波，崔四川，等. 吉林省薄皮甜瓜主产区白粉病菌生理小种的初步鉴定［J］. 吉林蔬菜，2011（6）：100－101.

［110］李苹芳，朱凌丽，羊杏平，等. 江浙沪甜瓜白粉病菌及其生理小种的鉴定［J］. 中国瓜菜，2015，28（6）：16－20.

［111］包海清，许勇，杜永臣，等. 海南三亚地区葫芦科作物白粉病菌生理小种分化的鉴

定 ［J］. 长江蔬菜，2008（1）：49 - 51.

［112］张艳菊，戴长春，李永刚. 园艺植物保护学与试验 ［M］. 北京：化学工业出版社，2014.

［113］Jordán M J，Shaw P E，Goodner K L. Volatile components in aqueous essence and fresh fruit of *Cucumis melo* cv. Athena（muskmelon）by GC - MS and GC - O ［J］. Journal of agricultural and food chemistry，2001，49（12）：5929 - 5933.

［114］王志丹. 中国甜瓜产业经济发展研究 ［D］. 北京：中国农业科学院研究生院，2014.

［115］鲍宏礼，吴红梅. 经济全球化背景下的农产品出口策略 ［J］. 经济论坛，2003（23）：33 - 34.

［116］中国园艺学会西甜瓜协会. 中国西瓜甜瓜 ［M］. 北京：中国农业出版社，2000.

［117］王坚. 中国西瓜甜瓜 ［M］. 北京：中国农业出版社，2000.

［118］张东晓. 日本关于厚皮甜瓜若干品种香气成分的研究 ［J］. 中国西瓜甜瓜，2002（2）：45 - 46.

［119］丁耐克. 食品风味化学 ［M］. 北京：中国轻工业出版社，1996.

［120］吴继红，胡小松. 固相微萃取和气-质联用技术在快速测定苹果挥发性成分中的应用 ［J］. 中国食品学报，2003，3（3）：63 - 66.

［121］Derovira D. Manual flavor nomenclature workshop：An odor description and sensory e-valuation workshop ［M］. Flavor Dynamics，Somerset，NJ，1997.

［122］O'Mahony M. Sensory measurement in food science：fitting methods to goals ［J］. Food technology（USA），1995，4（49）：72，74，76 - 78，80 - 82.

［123］李轩. "银帝"甜瓜挥发性物质的分析及 BTH 或 Harpin 对其释放的影响 ［D］. 兰州：甘肃农业大学，2005.

［124］咸丰. 野生甜瓜 ［sp. *Agrestis*（Naud.）Greb.］抗白粉病的遗传机制和激素变化及其 cDNA AFLP 分析 ［D］. 杨凌：西北农林科技大学，2012.

［125］齐红岩，邱丽妍，李岩，等. 嫁接对薄皮甜瓜果实耐贮性和贮藏期间主要品质的影响 ［J］. 西北农业学报，2010，19（3）：163 - 167.

［126］于翠香，韩忠才，王占海，等. 甜瓜果实性状遗传规律的研究进展 ［J］. 东北农业科学，2016，41（3）：91 - 94.

［127］Beaulieu J C. Volatile changes in cantaloupe during growth，maturation and in stored flesh cuts prepared from fruit harvested at various maturities ［J］. J. Amer. Soc. Hort. Sci.，2006（131）：127 - 139.

［128］郝丽宁，陈书霞，刘拉平，等. 不同基因型黄瓜果实香气组成的主成分分析和聚类分析 ［J］. 西北农业学报，2013，22（5）：101 - 108.

［129］Portnoy V，Benyamini Y，Bar E，et al. The molecular and biochemical basis for varietal variation in sesquiterpene content in melon（*Cucumis melo* L.）rinds ［J］. Plant molecular biology，2008（66）：647 - 661.

［130］潜宗伟，唐晓伟，吴震，等．甜瓜不同品种类型芳香物质和营养品质的比较分析
　　　［J］．中国农学通报，2009，25（12）：165－171.

［131］邵青旭．低温贮藏对薄皮甜瓜风味品质的影响［D］．沈阳：沈阳农业大学，2019.

［132］Beaulieu J C，Grimm C C. Identification of volatile compounds in cantaloupe at various
　　　developmental stages using solid phase microextraction［J］. Journal of Agricultural and
　　　Food Chemistry，2001，49（3）：1345－1352.

［133］Aubert C，Bourger N. Investigation of volatiles in *Charentais cantaloupe* melons
　　　(*Cucumis melo* var. *cantalupensis*) characterization of aroma constituents in some cul-
　　　tivars［J］. Journal of agricultural and food chemistry，2004，52（14）：4522－4528.

［134］Li Y，Qi H，Liu Y，et al. Effects of ethephon and 1－methylcyclopropene on fruit ripe-
　　　ning and the biosynthesis of volatiles in oriental sweet melon (*Cucumis melo* var. *makuwa*
　　　Makino)［J］. Journal of Horticultural Science & Biotechnology，2011，86（5）：517－
　　　526.

［135］Liu W W，Qi H Y，Xu B H，et al. Ethanol treatment inhibits internal ethylene
　　　concentrations and enhances ethyl ester production during storage of oriental sweet
　　　melons (*Cucumis melo* var. *makuwa* Makino)［J］. Postharvest Biology and Technolo-
　　　gy，2012（67）：75－83.

［136］陈昊．*CmADHs* 在甜瓜香气物质合成中的作用及 *CmADH4* 和 *CmADH12* 的功能验
　　　证［D］．沈阳：沈阳农业大学，2017.

附　　录

附录 1　缩略语

英文缩写	英文全称	中文全称
ABA	abscisic acid	脱落酸
OD	optical density	吸光值
NBT	nitrotetrazolium blue chloride	氯化硝基四氮唑蓝
PAL	phenylalanine ammonialyase	苯丙氨酸解氨酶
PPO	polyphenoloxidase	多酚氧化酶
SOD	superoxide dismutase	超氧化物歧化酶
TCA	trichloroacetic acid	三氯乙酸
PVPP	polyvinyl pyrrolidone	聚乙烯吡咯烷酮
POD	peroxidase	过氧化物酶
CAT	catalase	过氧化氢酶
HR	hypersensitive response	过敏性反应
6 - BA	6 - benzylaminopurine	6 -苄基腺嘌呤
Amp	ampicillin	氨苄青霉素
AS	3，5 - methoxy - 4 - hydroxyacetophenone	乙酰丁香酮
Cef	cefotaxime	头孢霉素
DNA	deoxyribonucleic acid	脱氧核糖核酸
IAA	indole - 3 - acetic acid	吲哚- 3 -乙酸

（续）

英文缩写	英文全称	中文全称
KT	kinetin	激动素
Km	kanamycin	卡那霉素
SM	streptomycin	链霉素
LB	Luria - Bertani medium	培养基
min	minute	分钟
MS	Murashign&Skong medium	培养基
PCR	polymerase chain reactions	聚合酶链式反应
rmp	revolutions per minute	转每分钟
Rif	rifampicin	利福平
cDNA	complementary DNA	互补 DNA
ddH$_2$O	distilled and deionized water	双蒸水
IPTG	isopropyl - β - D - thiogalactopyranoside	异丙基-β-D-硫代半乳糖苷
ZR	zeatin riboside	玉米核苷素
GA$_3$	gibberellin	赤霉素
MDA	malondialdehyde	丙二醛
NAA	1 - naphthaleneacetic acid	萘乙酸
CTK	cytokinin	细胞分裂素
CCC	2 - chloro - N，N，N - trimethylethanaminium chloride	矮壮素
ZEN	zearalenone	玉米赤霉烯酮
TIAS	terpenoid indole alkaloids	萜类吲哚生物碱
XET	xyloglucan endotransglycosylase	木葡聚糖内糖基转移酶
XEH	xyloglucan hydrolase	木葡聚糖水解酶

附录 2　转化苗的获得

附图 1　组培法转化甜瓜的整个过程

A. 侵染后的子叶节接种到不定芽诱导培养基中；B. 生长出的抗性芽；
C. 伸长的抗性芽在生根培养基中；D. 抗性苗移栽

对照植株　　　　　　　　　　转 CmACS7 基因植株

附图 2　转基因植株的田间生长状态

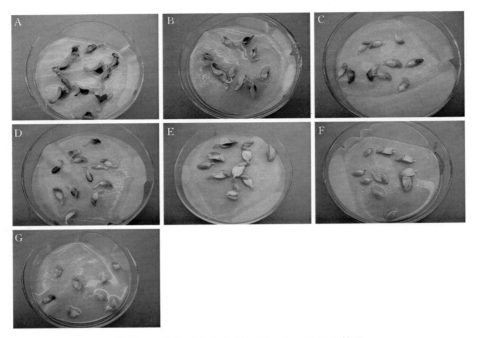

附图 3　花粉管通道法种子 Km 临界浓度的筛选

A. 0 mg/L；B. 100 mg/L；C. 200 mg/L；D. 300 mg/L；E. 500 mg/L；

F. 1 000 mg/L；G. 1 200 mg/L

2.5 mg/L　　　　　　　　　　　　　　1.5 mg/L

附图 4　不同激素浓度茎尖不定芽的生长情况

附图 5　茎尖法转 *CmACS3* 基因 Km 抗性筛选过程

A. 去顶芽侵染后 3 d；B. 侵染后 10 d；C. 侵染后 25 d Km 抗性筛选；D. 获得的抗性植株

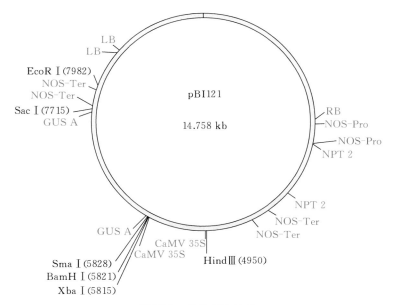

LB
LB
EcoR I (7982)
NOS-Ter
NOS-Ter
Sac I (7715)
GUS A

pBI121

14.758 kb

RB
NOS-Pro
NOS-Pro
NPT 2

NPT 2
NOS-Ter
NOS-Ter

GUS A
CaMV 35S
CaMV 35S
Hind Ⅲ (4950)
Sma I (5828)
BamH I (5821)
Xba I (5815)

附图 6　表达载体结构

附录 3　育种基地

附图 7　甜瓜嫁接

附图 8　甜瓜授粉

附图 9　田间观察记录